每个孩子都需要的趣味数学科普

太有意思了！生活中的数学

1 运算篇

周 婷◎编著

激发兴趣 | 活学活用

航空工业出版社

太有意思了！

生活中的数学

运算篇

周　婷◎编著

航空工业出版社
北　京

内容提要

本书是一套专门为小学生定制的趣味数学读物，从家庭、校园和社会生活出发，让孩子体会到生活中处处有数学。全书共6册，分为运算篇、逻辑篇、测量篇、统计篇、应用篇、图形篇，结合生活实际，以故事的形式，将数学知识融入日常生活，再辅助趣味讲解，把枯燥的知识生活化、趣味化，从而打破孩子认为数学“枯燥、乏味”的刻板印象，培养学习兴趣、锻炼逻辑思维，让孩子轻松爱上数学。

图书在版编目（CIP）数据

太有意思了！生活中的数学．运算篇 / 周婷编著．
-- 北京 : 航空工业出版社，2023.8
ISBN 978-7-5165-3398-7

Ⅰ．①太… Ⅱ．①周… Ⅲ．①数学一青少年读物
Ⅳ．①01-49

中国国家版本馆CIP数据核字（2023）第117514号

太有意思了！生活中的数学·运算篇
Tai Youyisi le!Shenghuozhong de Shuxue.Yunsuan Pian

航空工业出版社出版发行
（北京市朝阳区京顺路5号曙光大厦C座四层 100028）
发行部电话：010-85672688 010-85672689

三河市越阳印务有限公司印刷 全国各地新华书店经售
2023年8月第1版 2023年8月第1次印刷
开本：787×1092 1/16 字数：50千字
印张：3.5 定价：150.00元（全6册）

Preface

前言

对于很多孩子来说，数学意味着一条条难记的公式、一堆堆理不清的数字、一个个让人脑仁都疼的抽象思维和逻辑。可事实上，只要改变认知的方法，学习数学也可以很有意思。

在我们的日常生活中，小到烙几块饼、种一棵树、调一次闹钟，大到外出旅行、投资理财、安排工程……无不渗透着数学逻辑思维。

车轮为什么是圆形的？饮料瓶为什么是圆柱形的？小蜜蜂为什么要把自己的家做成正六边形……生活中各种各样或简单、或复杂的图形也和数学有着千丝万缕的关系。

在每学期考试后，老师需要运用统计学知识来计算班级学生成绩的平均分、及格率；当零食不够的时候，孩子们会用抽签的方式来分配，总有“倒霉蛋”在“概率”的作用下分不到零食……“统计”“概率”“图表”这些抽象的概念，一旦运用到生活中，是不是也没那么难了？

数学从来都不是冷冰冰的公式和定理，也绝非拒人于千里之外的证明和推导。我们身边许多地方都有数学的身影，而它的魅力就在于能帮助我们解决许多实际生活中的难题。

这套书不是板着面孔讲数学，而是将生活中经常遇到的问题故事化，然后归纳总结为一个个的数学问题，并通过生动活泼的文字、幽默诙谐的漫画及贴近生活的例子，带领孩子们边玩边分析、边解答。

相信孩子们看完这套书，一定能慢慢地消除对数学“枯燥、乏味”的刻板印象，培养学习乐趣和逻辑思维能力，从而轻松地爱上数学，成为学习和生活中的数学小能手。

Contents

目录

01

你好！加减乘除

1. 买年货的考验 / 2

【知识点】简单的四则混合运算

2. 亏了还是赚了 / 5

【知识点】经济问题中的运算

3. 糊涂的李老师 / 8

【知识点】数的整除特征

4. 日期里的秘密 / 11

【知识点】余数的应用

5. 亮亮的速算高招 / 13

【知识点】生活中的“简便运算”

02

淘气的小数点

6. 谁能得第一名 / 18

【知识点】小数的大小比较

7. 需要多少地砖 / 21

【知识点】小数计算与“铺砖问题”

8. 少了一个瓶子 / 24

【知识点】“进一法”的应用

9. 看错标价的小马 / 27

【知识点】小数点的移动规律

03

分数和百分数的运算

10. 哪一款套餐更优惠 / 32

【知识点】分数的大小比较

11. 掺水的果汁 / 34

【知识点】分数与“浓度问题”

12. 令人迷惑的“出勤率” / 37

【知识点】“出勤率”的含义

04

“比”与“比例”的游戏

13. 白纸共有多少张 / 42

【知识点】“正比例”的应用

14. 穿不了的上衣 / 44

【知识点】“反比例”的秘密

15. 蒸馒头的材料 / 47

【知识点】“按比例分配”问题

Part 1

第一部分

你好！加减乘除

1. 买年货的考验

马上要过年了，菲菲一家正忙着准备年货。到时候亲朋好友都会从外地赶回来相聚，于是爸爸妈妈决定多买一些肉类和海鲜，好好款待大家。恰好他们家所在的城市正在举行盛大的“年货节”，爸爸妈妈便带着菲菲去采购年货。

来到目的地后，他们看到工作人员摆出的巨大的宣传牌，上面展示了当天促销力度最大的商品，其中包括售价 28 元 / 斤的羊肉、18 元 / 斤的猪肉、39 元 / 斤的大虾、16 元 / 斤的鲈鱼和 98 元 / 箱的扇贝。

爸爸妈妈到摊位上仔细查看了一番，发现这里的肉非常新鲜，海鲜质量也很过硬，不过他们的预算只有 700 元，在购买年货的时候只能“精打细算”。于是，妈妈负责挑选，爸爸负责做决定，菲菲则负责算账。最终，他们买了 6 斤羊肉、5 斤大虾和 10 斤猪肉，可是妈妈还想再买一箱扇贝，请你帮菲菲算一算他们花的钱会不会超出预算？

知识点

简单的四则混合运算

家庭为了控制消费，经常会制定一个**预算金额**。购物的时候，可以先算一算要花费的总金额，再和这个预算金额进行比较，只要总金额小于预算金额，就不会出现**超出预算**的情况。

掌握了这一点，我们就可以根据题意来列算式，菲菲家预计消费总金额为 $28\times6+39\times5+18\times10+98\times1=168+195+180+98=641$ 元，而 $641<700$，所以不会超出预算。

这是一道比较简单的**混合运算**题目，算式中有加法和乘法，我们要先算乘法，再算加法。但很多时候，我们面对的情况会更加复杂，算式中不但有加减法、乘除法，还有小括号、中括号、大括号，我们一定要把握好**运算顺序**：只有加减或乘除法时，从左到右依次计算即可；既有加减法又有乘除法时，要先算乘除法，后算加减法；既有加减法又有乘除法，还有各级括号时，要先算小、中、大括号里的式子，再算括号外的。

延伸思考

“估算法”快速解决问题

或许你会觉得上面的计算过程有些复杂，那有没有更加简便快捷的计算方法呢？答案是肯定的，那就是“估算”，也就是大致推算一下结果。

比如，从杭杭家到学校的距离是 1200 米，杭杭每分钟能走 58 米，想要算出他步行上学大概用多长时间，就可以用估算法——用 58 的近似值 60 来计算，即 $1200 \div 60=20$ 分钟。

在前面买年货的故事中，我们也可以采用这种方法，将 28、39、18、98 换成近似数 30、40、20 和 100，那么，计算出的结果就是 $30 \times 6+40 \times 5+20 \times 10+100 \times 1=680$，由于 $28<30$，$39<40$，$18<20$，$98<100$，所以实际金额肯定是小于 680 元的，当然更加小于 700 元，因此不会超出预算。

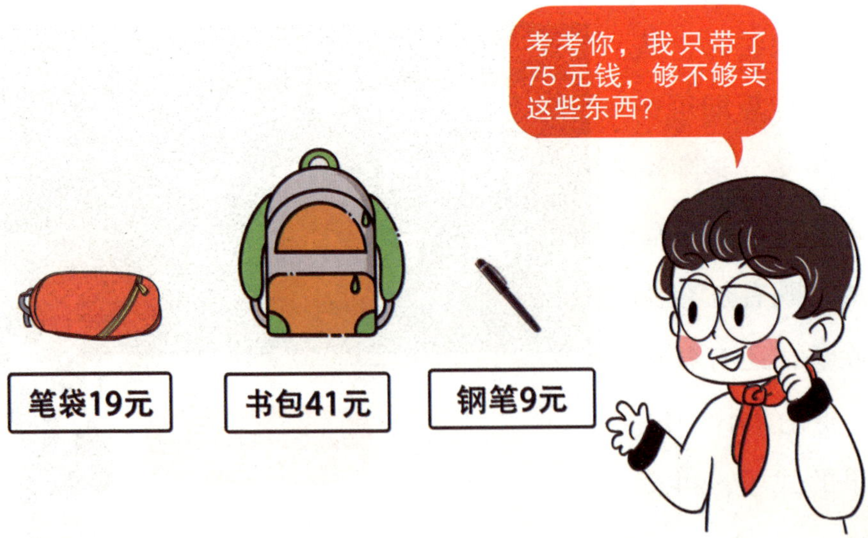

2. 亏了还是赚了

小夏的爸爸在学校附近开了一家杂货店，每到放学时间，很多学生就会来购买文具或玩具，这给店里带来了不少收入。

有一天，爸爸对小夏说："你们班的同学喜欢玩具小汽车吗？我打算进一批看看销售情况。"小夏告诉爸爸，他平时确实能看见不少男生在玩小汽车。于是，爸爸前往批发市场，以 2 元 / 辆的价格购进了一批小汽车，并定价为 3 元 / 辆。

爸爸本以为小汽车会被学生们抢购一空，结果却让他很失望，小汽车已经上架好几天了，却只卖出了几辆。爸爸找了几个学生，了解了一下情况，才知道大家更喜欢能够变形成机器人的小汽车，而杂货店卖的这种小汽车结构简单、功能单一，无法吸引学生们的注意。

爸爸也没有办法解决这个问题，只能继续以很慢的速度销售着，直到只剩 20 辆小汽车的时候，爸爸终于坚持不住了，开始让利促销，以 1 元 / 辆的价格清仓处理，这才把小汽车全部卖完。如果爸爸批发来的小汽车共有 60 辆，那爸爸到底是亏了还是赚了呢？

知识点

经济问题中的运算

我们的生活离不开**“经济问题”**，了解成本、售价、利润这些概念，可以帮我们做出更加正确的决策，所以数学题目中经常会出现“亏了还是赚了”这样的问题。想要快速解决，我们就要厘清各种概念，并列出正确的数量关系，再进行相应的运算。

比如，在这道题目中，爸爸以 2 元 / 辆的价格购进了 60 辆小汽车，又以 3 元 / 辆的价格售出了其中的 60–20=40 辆。根据利润 = 售价 – 成本，这 40 辆小汽车的利润为 3 × 40–2 × 40=40 元。

之后，爸爸以 1 元 / 辆的价格清仓处理了 20 辆小汽车，根据亏损 = 成本 – 售价，这 20 辆小汽车造成的亏损为 2 × 20–1 × 20=20 元，由于利润 40 元＞亏损 20 元，所以爸爸实际上是赚钱了，赚了 40–20=20 元。

延伸思考

降价处理背后的数学秘密

平时购物的时候，我们经常会遇到商家将商品降价处理的情况，有时售价甚至会低于商品的进价。这不禁让人感到奇怪，难道商家就不担心自己会亏本吗？其实他们这么做是有原因的。

以前面小夏爸爸的故事为例，我们可以先算出他进货的总成本是 2 × 60=120 元。虽然小汽车出售速度缓慢，但他还是以 3 元 / 辆的价格售出了 40 辆，并因此收回了 3 × 40=120 元。这样一看，小夏爸爸已经拿回了成本，所以剩下的 20 辆小汽车无论定价多少，只要卖出去，就属于“纯利润”；可要是卖不出去，就会积压在店内，不但无法转化为现金，还会占用货架，导致别的商品无法上架销售，所以他选择降价处理是很明智的。

有时去农贸市场买菜，我们也会遇到类似的情况。早晨刚开始出售蔬菜时，小贩一般会把价格定得较高，此时顾客一般较多，小贩能够赚取不少利润；等到顾客逐渐散去，蔬菜销量下降，菜品也不太新鲜的时候，小贩会盘算一下自己的“利润”和“成本”：如果成本已经收回，再卖下去都是纯利润，小贩可能就会降价，把菜品快速售完。所以，这时候去买菜价格往往是最实惠的。

3. 糊涂的李老师

某小学举行了一场“学习垃圾分类”手抄报比赛，同学们踊跃参加，并且上交了不少优秀作品。经过老师们的评选，有 72 位同学获得了“优秀奖”，他们每人可获得一盒水彩笔。

负责采购奖品的是李老师，他平时不但有点粗心，记性也不太好，经常会犯一些小错误。这次去买水彩笔，他一再提醒自己要谨慎一些，没想到还是出了问题。

原来，李老师刚买好了水彩笔，又看到有些文具正在做打折促销，于是顺便买了几瓶墨水和几个笔记本，他把发票和墨水装在了一起。回学校的路上，他不小心摔了一跤，结果摔破了一瓶墨水，而流出的墨水弄脏了水彩笔的发票，只能勉强看清总金额是■ 13.7 ■元（■是被墨水渍盖住的数字）。

李老师努力回忆着水彩笔的单价，却怎么都想不起来。你能用学过的数学知识帮他算一算一盒水彩笔是多少钱吗？

知识点

数的整除特征

这道题目看似复杂难解，我们只要能正确运用学过的“**数的整除**”的知识，就不难求出答案。

首先，我们可以把■ 13.7 ■元换算成■ 137 ■分，这就是水彩笔的总价，由于水彩笔的单价 = 总价 ÷ 数量，所以■ 137 ■这个数字是获奖人数 72 的倍数。

又因为 72=8×9，所以■ 137 ■这个数字既能被 8 整除，也能被 9 整除。根据能被 8 整除的数的特征，即一个整数的末三位能被 8 整除，那么这个数就能被 8 整除，可知■ 137 ■这个数字的末三位 37 ■能被 8 整除，而这个数只能是偶数，因此可能是 370、372、374、376、378 中的一个，根据计算，只有 376 符合条件，所以这个数字的末位数是 6。

再根据能被 9 整除的数的特征，即一个整数各位上数字之和能被 9 整除，那么这个数也能被 9 整除，可知“首位数 +1+3+7+6”即“首位数 +17”的结果必须能被 9 整除，

显然首位数只能是1。所以水彩笔的总价是11376分，也就是113.76元。

延伸思考

整除在生活中的应用

在生活中，我们常常会用到“数的整除”的知识，只要牢记“数的整除”的性质和特征，就能够把很多复杂的运算变成简单的计算，再通过口算就能快速地解决问题。

比如，要给9个同学分发一批书籍，第一堆书籍有423本，第二堆书籍有264本，哪一堆书籍正好能够分完呢？

这样的题目，其实就是在考察能被9整除的数的特征，因为4+2+3=9，能被9整除，因此第一堆书籍正好能够分完；而2+6+4=12，不能被9整除，所以第二堆书籍无法正好分完。

再如，某学校举行运动会，需要让同学们排成方阵。如果五年级同学共有625人，六年级同学共有685人，哪个年级更适合排成每行25人的方阵呢？这时候我们就会想到能被25整除的数的特征，即一个整数末两位能被25整除，那么这个数也能被25整除，可见625的末两位符合条件，所以五年级同学更适合排成这样的方阵。你算对了吗？

4. 日期里的秘密

丁丁是班里的数学小能手，他特别喜欢做数学计算题，还经常给其他同学出难题。

这天，丁丁告诉几个要好的同学："我最近掌握了一项新本领，你们只要告诉我哪个月的 1 日是星期几，我就能告诉你这个月的任意一个日期是星期几。"

然然觉得丁丁在"说大话"，他马上翻出日历，指着其中一个日期说："2022 年 9 月 1 日是星期四，你说说 9 月 23 日是星期几。"

大家都觉得丁丁要思考一阵儿才能说出答案，可没想到他不假思索道："是星期五！"然然赶紧对着日历查看，发现确实如此。

然然不肯服输，马上又问了几个日期，丁丁全说对了。大家纷纷夸奖丁丁，就连然然这时候也十分佩服他。那么，你知道丁丁是如何计算出日期的吗？

知识点

余数的应用

丁丁之所以能够快速地算出各种日期，那是因为他熟练地掌握了"余数”的知识。在生活中巧妙地应用“余数”，可以帮我们轻松地解决不少实际问题。

就像丁丁知道了2022年9月1日是星期四，而9月23日与9月1日间隔22天，一个星期有7天，所以丁丁可以这样计算：22÷7=3……1。

也就是说，从1日开始，要经过3个星期多1天才能到22日，而星期四向后推1天是星期五，所以9月23日是星期五。用同样的方法，我们可以算出9月28日是星期三（间隔27天，27÷7=3……6，星期四向后推6天是星期三）。

要算10月1日是星期几，道理也是一样的。因为10月1日与9月1日间隔30天，可以这样计算：30÷7=4……2，然后将星期四向后推2天，所以就能知道10月1日是星期六。怎么样，你学会了吗？

延伸思考

余数与日期规律

在推算日期的时候，我们需要掌握一些日期常识。比如，“年”可分为“平年”和“闰年”，用年份除以4，当遇到整百的年份要除以400，没有余数的是闰年，有余数的是平年。平年的一年有365天，其中2月是28天；闰年的一年有366天，其中2月是29天。而1、3、5、7、8、10、12月是“大月”，每个月有 31 天；4、6、9、11 月是“小月”，每个月有 30 天。在计算时只有考虑清楚这些常识，才不会出错。

那么，平年有几个星期呢？用 365 ÷ 7=52……1 来计算，就是 52 个星期多 1 天。同样的道理，闰年是 366 ÷ 7=52……2，也就是 52 个星期多 2 天。所以计算星期时，每过一个平年要加 1，每过一个闰年则要加 2。

如果我们知道 2020 年 1 月 1 日是星期三，而 2020 年是闰年，那么推算 2021 年 1 月 1 日时要加 2，所以那天是星期五；而 2021 年是平年，那么推算 2022 年 1 月 1 日时要加 1，所以那天就是星期六。

5. 亮亮的速算高招

亮亮和爸爸一起去商场购物，爸爸一共带了 800 元。他们在儿童服装店看中了一件外套，支付了 148 元。随后，他们来到另一家店铺，购买了一条运动裤，支付了 52 元。

爸爸想考考亮亮的运算能力，便问他：“你知道爸爸现在还剩下多少钱吗？”亮亮略一思索，就说出了答案：“600元！”

爸爸好奇地问：“你怎么算得这么快？”亮亮自信地回答道：“外套和运动裤的价钱加在一起，刚好是200元，再用800减去200，还剩600元，这还不简单？”

爸爸听完，不禁对亮亮刮目相看，还夸奖他说：“你这算法真简便，要是按800减去148，再减去52来计算，就要多花点功夫了。”

过了一会儿，父子俩又来到了日用百货部，看到一些商品正在降价处理：一盒牙膏12元，一支牙刷3元，一块香皂5元……爸爸一口气买下了5盒牙膏、5支牙刷和6块香皂。在回家的路上，爸爸又问亮亮还剩多少钱，亮亮还是很快说出了答案。那么，你知道亮亮是如何快速算出来的吗？

知识点

生活中的“简便运算”

亮亮之所以能够快速说出答案，是因为他掌握了**简便运算**的方法。所谓“简便运算”，就是灵活运用运算定律和数学的基本性质，让原本复杂的算式变得更容易计算。

比如，在购买上衣和裤子时，亮亮运用了“一个数连续减去两个数，就等于减去两个数之和”这条性质，将 800–148–52 转化为 800–（148+52），而 148 和 52 刚好能凑成 200，这下答案就一目了然了。

而在购买日用品时，如果列式就是 12×5+3×5+5×6，然后按照先乘法后加法的顺序计算，就会略显烦琐。聪明的亮亮发现一盒牙膏、一支牙刷和一块香皂的单价之和为 12+3+5=20 元，而爸爸购买的数量刚好可以分为 5 个（1 盒牙膏 +1 支牙刷 +1 块香皂）的组合，另外还多出 1 块香皂。按照**乘法分配律**，原来的算式就可以改写为（12+3+5）×5+5=105 元，所以爸爸还剩 600–105=600–（100+5）=600–100–5=495 元。

延伸思考

简便运算的要点

亮亮在进行简便运算的时候，用到了“乘法分配律”和“减法的性质”。其实，简便运算还可以灵活运用乘法结合律、乘法交换律、加法交换律、加法结合律及除法的性质等。

数学家高斯就曾经用加法交换律、加法结合律算出了“从 1 加到 100”

的答案。由于 1+2+3+…+98+99+100 可以写成（1+100）+（2+99）+（3+98）…，这个算式中一共有 50 个 101，所以答案就是 5050。

不过，我们在进行简便运算时一定要注意看清楚数字，避免犯错。比如，有个同学看到一个算式为 46+137+64+73，马上进行简便运算，把算式改写为（46+64）+（137+73），他给出的口算答案为 300，结果却被老师判为“错误”。因为 46+64 不等于 100，而是 110，137+73 也不等于 200，而是 210，所以答案应为 320。像这样的错误我们一定要避免。

Part 2

第二部分

淘气的小数点

6. 谁能得第一名

“加油，加油……”

学校举行的运动会上，一场激烈的跳远比赛正在进行中。同学们围在沙坑旁，分别为自己班的选手呐喊助威。

参加比赛的 4 名同学，都使出了浑身解数，想为班级争得荣誉。经过几轮角逐后，比赛终于结束了，但名次还未公布。

四（2）班的同学心情急切，纷纷围住本班的选手小杰，问他跳远成绩如何。小杰的神情有点沮丧，他告诉大家：“今天我发挥得不太理想，最好的一跳也只有 2.85 米。”

同学们连忙安慰小杰，说这个成绩已经很不错了。但小杰却说：“四（7）班的陈涛比我多跳了 0.56 米，我想，这次的冠军非他莫属了。”

陈涛正好在一旁休息，他听到这话，连忙说道：“我不可能是冠军，你一定是没看到四（6）班马力的最后一跳，比我多出了 0.23 米呢！”

小杰一听更难过了，皱着眉头说：“那这么说，这次比赛我的成绩要垫底了？”

陈涛摇头道：“那倒不至于，你忘了吗？四（3）班的苏阳比你还少跳了 0.41 米。”

根据他俩的对话，你能算出每位选手的成绩吗？这次比赛到底谁能得第一呢？

知识点

小数的大小比较

在生活中，我们经常会遇到**比较小数的大小**的情况，比如金额、成绩、身高、体重等数据都是小数，而我们要对这些数据的大小进行排序，前面故事中的问题就属于这种情况。

要想知道这次比赛谁能得第一，我们首先要算出每位选手的成绩。

由于小杰的成绩是 2.85 米，陈涛比小杰多跳了 0.56 米，所以陈涛的成绩是 2.85+0.56=3.41 米；而马力比陈涛多跳 0.23 米，所以马力的成绩为 3.41+0.23=3.64 米；而苏阳比小杰少跳 0.41 米，所以苏阳的成绩为 2.85−0.41=2.44 米。由于 2.44 ＜ 2.85 ＜ 3.41 ＜ 3.64，所以马力将获得第一名。

我们要厘清“谁比谁多”“谁比谁少”的关系，就要掌握比较小数大小的方法：先看整数部分，整数部分越大的小数就越大；如果整数部分相同，则比较十分位，十分位上的数越大，这个小数就越大；如果十分位也相同，则比较百分位，依此类推。

延伸思考

小数加减法的要点

解答前面故事中的问题，不光要会比较小数的大小，还要熟练掌握小数的加减法。虽说小数加减法也是按照整数加减法的法则进行运算的，但因为“调皮”的小数点的存在，我们一定要注意把各个数字的“数位”对齐，再从最低位开始计算，加法注意“满十进一”，减法遇到“不够减”的情况可以向高位“借一当十”。

有个同学计算 6+10.3，在列竖式的时候把 6 写在了 3 的下面，算出的答案是 10.9，这就是一种很常见的“没有对齐数位”的错误。整数和小数相加时，我们只有把整数和小数的整数部分对齐，才能算出正确的结果。

$$\begin{array}{r} 10.3 \\ +\quad 6 \\ \hline 16.3 \end{array}$$

7. 需要多少地砖

梦梦家最近准备重新装修房子。在讨论装修方案时，梦梦对爸爸妈妈说：“我想自己挑选我卧室地砖的样式，以前的花色我一点儿都不喜欢。”梦梦的爸爸妈妈也想给她一个锻炼的机会，便同意了她的想法。

星期天，他们一家三口乘车前往家装城，准备挑选几款漂亮耐用、价格实惠的地砖。在出发前，梦梦特地向爸爸了解过，她的卧室之前装修时使用的是一种边长为 0.2 米的正方形地砖，一共用了 360 块，刚好把地面铺满。她记住了这些数据，开始挑选新的地砖。可眼前的地砖花样繁多，价格也各不相同，她很难做出决定。

最后，她将自己看中的三款地砖记录下来：第一种是边长为 15 厘米的正方形地砖，售价 3 元 / 块；第二种是边长为 30 厘米的正方形地砖，售价 8 元 / 块；第三种是边长为 40 厘米的正方形地砖，售价 12 元 / 块。

梦梦不知道哪种地砖更实惠，你能帮她出个主意，再算一算一共需要多少块地砖吗？

知识点

小数计算与“铺砖问题”

遇到**“铺砖问题”**，我们要先确定卧室的总面积和每块地砖的面积，然后就可以算出需要的地砖数量。不过，前面的故事里并没有直接告诉我们梦梦卧室的**总面积**是多少，但可以通过以前铺设的**地砖面积 × 数量**算出来，即 0.2 × 0.2 × 360=14.4 平方米。

掌握了这条信息后，我们就可以逐一计算三种地砖的用量和费用了。注意在计算前要统一单位，像边长 15 厘米可以先转换为 0.15 米。

第一种地砖的用量为 14.4 ÷（0.15 × 0.15）=640 块，费用为 3 × 640=1920 元；

第二种地砖的用量为 14.4 ÷（0.3 × 0.3）=160 块，费用为 8 × 160=1280 元；

第三种地砖的用量为 14.4 ÷（0.4 × 0.4）=90 块，费用为 12 × 90=1080 元。

由此可见，选择第三种地砖最实惠，一共需要 90 块地砖。

延伸思考

生活中的小数乘法

小数乘法在日常生活中的应用非常广泛。比如，平时购物的时候，商品的单价常常是小数，掌握了小数乘法，我们就能够快速算出自己要支付的金额，也能够方便地“找零”。

小学生佳佳去便利店购买了 2 支钢笔，每支的价格为 7.5 元；她又购买了 3 瓶涂改液，每瓶的价格为 3.6 元。那么，她要支付的总金额是 7.5 × 2+3.6 × 3=25.8 元。佳佳递给营业员一张 20 元和一张 10 元的人民币，营业员要找给她 30−25.8=4.2 元。如果佳佳能够熟练地应用小数乘法和减法，在购物时就能做到得心应手。

在计算身高和体重的时候，我们也会用到小数乘法。因为人的身高和体重的数值经常会被写成小数的形式，像小学生苗苗身高 1.45 米，体重 32.52 千克，如果爸爸的身高是她的 1.2 倍，体重是她的 2 倍，我们就可以利用小数乘法算出爸爸的身高是 1.74 米，体重是 65.04 千克。

8. 少了一个瓶子

星期天的下午，琳琳妈妈从超市买回来一桶 5 升的食用油。这么多油平时用起来不方便，于是妈妈打算用一些小瓶子来分装，每个瓶子的容量大概是 550 毫升。

妈妈让琳琳帮忙准备一些瓶子。琳琳快速地思考了一会儿，5 升就是 5000 毫升，每个瓶子能装 550 毫升油，所以瓶子的个数可以这样计算：$5000 \div 550 \approx 9.09$ 个。不过因为瓶子的个数都是整数，所以琳琳认为要用“四舍五入”的办法来取整，她很自然地舍去了那个“碍眼”的 0.09，然后去储藏室拿来了 9 个瓶子。

妈妈问琳琳：“你确定 9 个瓶子足够装这一大桶油吗？”琳琳自信地说：“我已经算过了，没问题！”然而，当妈妈装满最后一个瓶子时，却发现大油桶里还剩下一些油。

妈妈摇头道：“琳琳，你算错了哦！”琳琳觉得有些不好意思，但她有点不明白，为什么自己的计算过程完全正确，最后却出了问题。你能帮她解开这个谜吗？

知识点

“进一法”的应用

琳琳在计算瓶子数量的时候，没有考虑到实际情况，就盲目采用了“四舍五入”的办法。5000 ÷ 550=9……50，如果只准备 9 个瓶子，余下的 50 毫升油就会装不完，所以必须多准备 1 个瓶子，即 9+1=10 个才够用。

这种方法就是**“进一法”**——无论十分位上的数是多少，一律往整数部分进一。

在生活中，我们常常会用到这种方法。比如，某小学组织 288 名学生坐大巴车去春游，每 45 人坐一辆大巴。有的同学会这样计算：288 ÷ 45=6.4，然后“四舍五入”，认为只需要派 6 辆大巴。但是那样就会出现问题，因为按照 288 ÷ 45=6……18 来计算，有 18 名学生将无车可坐，所以必须多派一辆大巴，即采用“进一法”派 7 辆大巴才够坐。

延伸思考

“去尾法”的应用

面对生活中的实际情况，我们要注意具体问题具体分析，千万不能死板地套用所学的知识。比如，在装油、载人、装货物的时候往往会用到“进一法”，而在兑换奖品、制作物品、花钱买东西的时候常常要采用“去尾法”，也就是只保留整数，无论十分位上的数是多少，都要把小数部分直接去掉。

比如，现在很多手机 APP 都有用积分兑换奖品的活动。假设我们在某个 APP 上的积分是 5800 分，根据规定，每 2000 积分可以兑换一个奖品。那么，5800 ÷ 2000=2.9，有人就会认为可以换 2.9 个奖品，可事实上奖品只能是整数个，多余的 0.9 个只能舍去，也就是我们只能兑换到 2 个奖品，这里就用到了“去尾法”。

再如，小学生苗苗用 10 米长的红绳编中国结，编一个要用去 2.4 米的红绳，苗苗想知道自己能编几个中国结，她可以这样计算：10 ÷ 2.4 ≈ 4.17。所以，编了 4 个中国结后，剩下的红绳不足以再编 1 个中国结，所以苗苗需要用“去尾法”，也就是“只能编 4 个中国结”。

9. 看错标价的小马

小马是个粗心的男孩，因为做事不认真，还闹出过不少笑话。

这天，小马去文具店买东西。他挑选了一支钢笔和一个笔袋，付钱的时候，他在心里大概算了算，认为自己该付 45.05 元。可当他准备付款时，售货员却告诉他：“一共是 63.5 元。”

小马一听，顿时不乐意了。他气呼呼地对售货员说：“不对吧，我刚才明明看过标价，怎么才一会儿工夫，价格就涨了这么多，你们是不是在乱收费呀？”

售货员没有和小马争辩，而是带着他重新来到货架边，让他仔细看那两件商品的标价。小马看了又看，才发现是自己错了，因为他把笔袋标价的小数点看错了位置。

小马十分惭愧，连忙向售货员说“对不起”，并支付了 63.5 元。那么，你知道小马购买的两件商品标价各是多少元吗？

知识点

小数点的移动规律

粗心的小马以为自己要支付 45.05 元，可实际价款却是 63.5 元，他少算了 63.5–45.05=18.45 元。这是因为他把笔袋标价的小数点看错了位置，也就是说，笔袋被他少算了 18.45 元，而钢笔的标价是正确的。

根据**小数点的移动规律**可知，数字缩小是小数点向左移动的结果。**小数点向左移动一位，相当于原数除以 10**，这个小数就缩小到原数的$\frac{1}{10}$，所以小马只计算了笔袋标价的$\frac{1}{10}$，笔袋的原价应当是 18.45 ÷（1– $\frac{1}{10}$）=20.5 元，钢笔商品的标价是 63.5–20.5=43 元。

我们还可以试着验证一番：小马把标价 20.5 元的笔袋看成了 2.05 元，所以他算出的总价是 2.05+43=45.05 元，与故事中的说法是吻合的，所以计算结果完全正确。

延伸思考

用方程解决看错小数点问题

看错小数点的问题还可以用列方程的方法来解决。

我们可以设小马看错的商品标价为 x 元，则另一件商品的标价是（45.05–x）元，而看错商品的实际价格是 10x 元，另一件商品的标价不变，由此可以列方程为：

$45.05-x=63.5-10x$

$9x=18.45$

$x=2.05$

所以，小马看错的笔袋标价为 2.05 元，笔袋的实际价格应该是 20.5 元，钢笔的标价是 45.05-2.05=43 元。

不管采用哪种方法解答问题，我们都要注意弄清小数点的移动规律，并由此推断出看错商品的实际标价是看错标价的 10 倍，据此厘清数量关系，就能顺利地解决问题了。

Part 3

第三部分

分数和百分数的运算

10. 哪一款套餐更优惠

小静特别喜欢吃快餐，可爸爸妈妈总说那些食品不健康，很少带她光顾快餐店。

这天，小静在数学测验中考了 100 分。妈妈问她想要什么奖励，她马上提出要去吃快餐。妈妈没有办法，只好给了她 50 元，让她自己去选择喜欢的食品，如果有剩余的钱，也由小静自己支配。

来到快餐店后，小静惊喜地发现店内推出了促销活动，有四个经典款的套餐都在降价出售。A 套餐原价 30 元，现价 21 元；B 套餐原价 35 元，现价 28 元；C 套餐原价 40 元，现价 30 元；D 套餐原价 45 元，现价 39 元。

几款套餐的售价都没有超过 50 元，小静都可以购买，但她决定挑选一款优惠幅度最大的。可是，看着这些复杂的数字，她有点发愁，不知道该怎么去比较。你能帮她挑选最优惠的套餐吗？

知识点

分数的大小比较

在实际生活中，我们常常会遇到一些比较复杂的数学问题，在进行除法计算时不能正好得到整数结果，这时候就可以用**分数**来帮忙。

像上面这个故事中的问题就适合用分数知识来解决。因为题目中的数字较多，在比较时也缺乏统一的标准，所以我们可以先计算每种套餐的现价是原价的几分之几，再对分数进行比较，答案就一目了然了。

我们可以这样计算：A 套餐为$\frac{21}{30}=\frac{7}{10}$，B 套餐为$\frac{28}{35}=\frac{4}{5}$，C 套餐为$\frac{30}{40}=\frac{3}{4}$，D 套餐为$\frac{39}{45}=\frac{13}{15}$。

接下来，我们需要给这几个分数“排排队”。由于它们的分子、分母都不相同，所以可以先化成同分母的分数，也就是先“**通分**”再比较：$\frac{7}{10}$化为$\frac{42}{60}$，$\frac{4}{5}$化为$\frac{48}{60}$，$\frac{3}{4}$化为$\frac{45}{60}$，$\frac{13}{15}$化为$\frac{52}{60}$，可见 A 套餐的现价占原价的分率最小，也就是优惠力度最大。

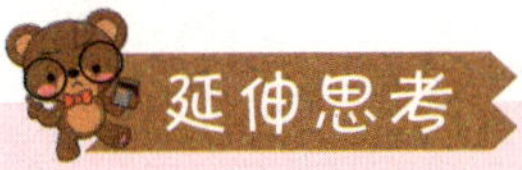

不同分数的比较

很多时候，我们需要对不同的分数比较大小。如果分母相同，只要比较分子的大小就可以了。但实际情况往往不会这么简单，就像上面这道题目，几个分数的分母都不相同，所以要用通分的办法把它们转化为分母相同的分数。

当然，如果遇到了分子小、分母大的分数，“通分母”不方便，我们也可以想办法“通分子”，然后利用“分子相同，分母大的分数反而小”的原则去比较。比如$\frac{2}{55}$和$\frac{3}{47}$可以化为$\frac{6}{165}$和$\frac{6}{94}$，分母 94 小于 165，可见$\frac{6}{94}$比$\frac{6}{165}$大，也就是$\frac{3}{47}$较大。

除了通分外，我们还可以把分数转化成小数。为了减少计算量，不妨采用估算的办法，比如$\frac{2}{3}$与$\frac{3}{4}$比较大小，前者化成小数大约是 0.6，后者大约是 0.7，谁大谁小十分明显。

11. 掺水的果汁

夏季的一天，小鸣带着表弟、表妹和堂弟在外面玩耍。玩了两个小时后，他们觉得又渴又累，想要买点饮料喝。恰好路边有个冷饮店，但是最便宜的果汁也要6元一杯。小鸣翻遍了身上的口袋，好不容易凑出了6元钱，便决定买一杯果汁。

可一杯果汁，4个人实在不好分配。作为哥哥的小鸣决定让弟弟和妹妹们先喝，于是年纪最小的堂弟先拿起杯子，喝了大概$\frac{1}{6}$；小鸣接过杯子，用店里免费的纯净水把杯子加满，再递给表妹，表妹喝掉了$\frac{1}{3}$；小鸣又把杯子加满水，交给表弟，表弟一口气喝掉一半；小鸣接过来，喝完了剩下的一半。

小鸣放下杯子去付钱，店老板看了看他说："你付给我9元吧。"小鸣惊讶地问："价牌上不是写着6元一杯吗？"

店老板振振有词道："你们先喝了$\frac{1}{6}$，价格是1元，又喝了$\frac{1}{3}$，价格是2元，然后是两个$\frac{1}{2}$，价格是6元，算下来一共是9元。"

小鸣知道店老板是在胡搅蛮缠，可他又不知道该怎样为自己辩解，你能帮帮他吗？

知识点

分数与“浓度问题”

小鸣一行四人分享一杯果汁，除了最小的堂弟喝的$\frac{1}{6}$是原来的果汁外，其他三人喝的都是兑了水的果汁，也就是说，果汁的**浓度**已经改变，不能再按照原来的果汁计算价格。但店老板故意忽略这一点，想要用“**偷换概念**”的办法欺骗小鸣。

事实上，这道题应该这样计算，最小的堂弟喝了$\frac{1}{6}$份果汁，应付价格为$6\times\frac{1}{6}=1$元；

轮到表妹喝时，杯中只有$1-\frac{1}{6}=\frac{5}{6}$份果汁，表妹喝了$\frac{1}{3}$，也就是喝了$\frac{1}{3}\times\frac{5}{6}=\frac{5}{18}$份果汁，应付价格为$\frac{5}{18}\times6=\frac{5}{3}$元；

轮到表弟喝时，杯中只有$1-\frac{1}{6}-\frac{5}{18}=\frac{5}{9}$份果汁，表弟喝了$\frac{1}{2}$，也就是喝了$\frac{1}{2}\times\frac{5}{9}=\frac{5}{18}$份果汁，应付价格为$\frac{5}{18}\times6=\frac{5}{3}$元；

小鸣喝的和表弟一样多，应付价格为$\frac{5}{3}$元。

所以四人应付总价格为$1+\frac{5}{3}+\frac{5}{3}+\frac{5}{3}=6$元，恰好是一杯果汁的价格。

延伸思考

多次加水的浓度问题

在生活中，像这种浓度改变的情况并不少见，对此我们需要先弄清楚溶液中溶质或溶剂的变化情况。

溶剂是能溶解其他物质的物质，水就是常见的溶剂；而溶质就是在溶液中被溶剂溶解的东西，可以是固体、液体，也可以是气体。想要计算溶液的浓度，就要用溶质质量除以溶液质量，也就是除以溶质质量和溶剂质量的和。

如果有一瓶浓度为 70% 的酒精，先倒出$\frac{1}{5}$，再加满清水，这时候溶质就减少了$\frac{1}{5}$，变为操作前的$\frac{4}{5}$，而溶液的质量没有改变；假设溶液质量是 1，根据浓度 = 溶质质量 ÷ 溶液质量，可以算出浓度是操作前的$\frac{4}{5}$。如果再进行三次同样的操作，最后的浓度会变成 $70\% \times \frac{4}{5} \times \frac{4}{5} \times \frac{4}{5}=35.84\%$。

12. 令人迷惑的“出勤率”

某小学每天早上 7∶50 都会进行早点名，学生的出勤率会计入班级考核。考核标准为：出勤率达到 100%（“全勤”），评为“优秀”；出勤率为 95%~100%（包含 95%），评为“良好”；出勤率为 90%~95%（包含 90%），评为“合格”；出勤率低于 90%，评为“不合格”。

这天早上，负责检查考勤的小璐和涛涛来到六（1）班，在点名时发现只有 54 人在教室里。班长告诉他们，有 2 名同学因身体不适向老师请了病假，不能到校上课，还有 1 名同学迟到了。

涛涛皱着眉头说：“那也不对啊，还有几个人去哪儿了？”六（1）班班长一听，连忙解释说有 3 位同学是班里的课代表，刚刚收完作业，分别去各自的科任老师处交作业了。

涛涛点了点头，在考勤本上记下：“六（1）班未出勤人数为 6 人。”小璐连忙拉住他，并对他说：“你这么记不对，那 3 位同学虽然没在教室里，但也应该算在出勤人数中。”

六（1）班班长也附和道：“是啊，这么算会拉低我们班的出勤率，太不公平了。”

涛涛意识到自己的错误，不好意思地向班长道歉，并修改了考勤记录。那么，根据小璐和涛涛了解到的信息，你能算出六（1）班的出勤率是多少吗，他们班在评比中会排在哪个等级？

知识点

“出勤率”的含义

“**出勤率**”是生活中很常见的一个概念，指的是实际出勤人数和应该出勤人数的比率。

比如，某个班有 60 人。如果当天实到 60 人，那就是 100% 的出勤率；如果有 6 人因为某些原因未出勤，那出勤率就是（60–6）÷60=90%。

不过，在前面的故事中，有一些比较特殊的情况。

首先，故事中没有给出班级总人数，也就是应该出勤数，但我们可以根据班长介绍的信息算出总人数是 54+2+1+3=60 人。

其次，在计算出勤率的时候，我们一定要把“出勤人数”和“在场人数”区别开来，才不会像涛涛一样发生错误。从六（1）班班长口中，我们得知有 3 位同学是去交作业了，他们其实也按时到校了，虽然不在现场，但也要计入实际出勤人数中，所以该班级的出勤率是(54+3)÷60=95%。由于该出勤率位于 95%~100%（包含 95%）这一档，所以六(1)班的评级是“良好”。

延伸思考

常见百分率的计算

除了“出勤率”以外，我们在生活中还会遇到各种各样的百分率，比如入学率、及格率、正确率、命中率、合格率、发芽率等。

不管是哪种百分率，我们只要把握好“要求量”（也就是这种百分率所代表的信息，如人数、质量、数量、次数等），再找到总量，然后算出要求量占总量的百分比就可以了。

比如，某个班的总人数是 55 人，此次语文考试及格与及格以上人数有 53 人，那么语文考试的及格率 = 及格人数 ÷ 总人数 =53 ÷ 55 ≈ 96.36%。

再如，某校的科技小组用 300 粒种子做发芽试验，结果有 22 粒没有发芽，那么发芽率 = 发芽粒数 ÷ 总粒数 =（300−22）÷ 300 ≈ 92.67%；相应地，未发芽率就是 1−92.67%=7.33%。

Part 4

第四部分

“比”与“比例”的游戏

13. 白纸共有多少张

王辉特别喜欢学数学。每次学到了新的数学知识，他就会琢磨一番，看看能不能用来解决身边的实际问题。

这天，王辉就用“正比例”知识帮了老师一个忙。当时，数学老师正准备给同学们复印一批测试卷，看到王辉和另一位同学小沈从办公室门前经过，便喊他们进来帮忙。

老师把一大摞白纸放在桌上，让他们数一数是多少张，看看够不够复印。小沈看着那厚厚的一摞纸，不免有些为难道：“老师，这样一张一张地数，得数到什么时候啊？”

王辉却不慌不忙地说：“不用那么麻烦，我已经想到了一个好办法。”

说罢，王辉问老师要了一把尺子，仔细量了一下这摞纸的高度，大约是 24.5 厘米。接下来，王辉又用尺子量出 1 厘米高度的纸，数了一下，发现是 98 张。王辉简单地算了一下，便告诉老师：“这摞纸大概有 2401 张。”

看到王辉的做法后，老师竖起了大拇指，夸奖他道：“你这个办法真不错，不但帮老师解决了问题，

还节省了不少时间。"

那么，你知道王辉是怎么"数"白纸的吗？

知识点

"正比例"的应用

王辉用实际行动告诉我们，善于应用数学知识，可以让有难度的任务变得简单有趣。就像故事中的一大摞白纸，如果真的像小沈说的那样一张一张去数，不但会浪费宝贵的时间，还容易数错。

王辉是用"正比例"的知识来解决这个问题的。所谓**"正比例"**，指的是一种量发生变化，另一种量也随之变化，而且两种量相对应的两个数的比值（商）是固定的。在前面的故事中，每张纸的厚度是固定的，而**每张纸的厚度＝一摞纸的高度÷纸的张数**，所以纸的高度与张数之间存在**"正比例关系"**。

因此，王辉可以这样计算：设这摞纸共有 x 张，$24.5:x=1:98$，可以得到 $x=2401$，即这摞纸共有2401张。考虑到测量时可能会稍有误差，所以2401张是一个大概的数值，但已经非常接近真实的结果。

延伸思考

生活中的“正比例”

在我们的身边，成“正比例”的量随处可见。比如，爸爸妈妈去市场买菜，菜的单价是一定的，那么支付的总价和菜的重量就成正比例；再如，去便利店买某种饮料，每瓶饮料的重量是一定的，总的重量和饮料的瓶数也成正比例；还有，一家人开车外出游玩，如果车速是一定的，那么总的路程和行驶的时间就成正比例。

遇到了与正比例有关的数学问题，我们要做的就是找到成正比例的量。只要两个量的比值（商）一定，那就可以用正比例关系来求解。

14. 穿不了的上衣

小如最近在数学课上学到了“反比例”的知识，但她总觉得这个概念很抽象，在理解的时候有些困难。

直到有一天，小如读到了一个名叫《贪心的财主》的故事，这才彻底弄懂了“反比例”。

故事里讲到，有个财主特别贪心，虽然自己已经非常富有，却还是想占别人的便宜。这天，财主得到了一块 2 米长的昂贵丝绸，便想给自己做一件上衣。

他来到当地最有名的裁缝店，说出了自己的要求。可他刚说完，就觉得这么好的丝绸只做一件上衣太浪费了，于是试探着问裁缝，能不能用这块丝绸给自己做两件上衣。

裁缝对财主的贪婪早有耳闻，他想给财主一个教训，便随口答应道：“可以。”财主见裁缝答应得这么爽快，便又问能不能做三件上衣，裁缝也点头了。就这样，财主一点点增加数量，裁缝都表示“能做”。最终，裁缝答应用这块丝绸给财主做十件上衣，财主满意地离开了。

几天后，财主来店里取衣服，发现裁缝确实做了十件上衣，可每一件都小得惊人，连刚出生的婴儿都穿不了！

那么，你能用学过的“反比例”知识解释一下这个故事吗？

知识点

“反比例”的秘密

想要解释这个故事，我们先要弄清楚什么是“**反比例**”。所谓“反比例”，就是指两种相关联的量，一种量变化，另一种量也会随着变化。不过和“正比例”不同的是，这两种量相对应的两个数不是比值（商）一定，而是乘

积一定。

在这个故事中，我们能发现丝绸的总量是一定的（只有 2 米），而总量 = 每件上衣的用量 × 上衣的数量，由此可见，每件上衣的用量和上衣的数量成反比例关系，如果上衣数量增加，每件上衣的用量自然就会减少。本来 2 米丝绸能做一件上衣，即每件上衣的用量是 2 米；可要是做成 2 件上衣，每件的用量就变成了 1 米；贪心的财主要求做成 10 件上衣，每件的用量当然就只有 0.2 米，难怪会小得没有办法穿。

延伸思考

生活中的“反比例”

“反比例”并不神秘，只要你用心寻找，很快就能从身边找到成反比例的量。

比如，过生日的时候要给大家平分蛋糕，蛋糕的总量是一定的，每个人分到的蛋糕和人数就成反比例，也就是说，人数越多，每个人分到的蛋糕就越少。

再如，语文老师要求我们阅读世界名著，一本名著的页数是一定的，那么平均每天读的页数和读书的天数也成反比例，即每天读得越多，用的天数就越少。

下面来看看这道题目，有一家水果店正在分装苹果，如果每箱装 36 千克，可以装 40 箱。但要是每箱多装 9 千克，能装多少箱呢？

根据题意，我们知道苹果的总重量是一定的，每箱装的重量和箱数成反比例。不妨先设能装 x 箱，列式为（36+9）$\times x=36\times 40$，得到 $x=32$，所以能装 32 箱。

15. 蒸馒头的材料

小琪一家都很喜欢吃馒头。每到星期六，妈妈就会蒸一锅馒头，香喷喷的，总能让全家人胃口大开。

这天，妈妈又准备蒸馒头了，小琪自告奋勇要帮忙。妈妈告诉她："做馒头需要准备面粉、水和酵母，把这些原料按80 ∶ 32 ∶ 1的比例配齐，就能做出好吃的馒头。"

小琪听得很认真，也充满了疑问："为什么非得是这个比例呢？如果不小心加多了水，会出现什么情况呢？"

看她这么"好学"，妈妈耐心地解释道："加多了水，面团就会变得湿答答的，很难成形，也做不了馒头；当然，面粉也不能加太多，否则馒头会变得特别'瓷实'，不但很难吃，还不好消化；酵母的量也得控制好，不然馒头就会发黄，看上去很影响食欲。"

小琪将妈妈的话牢牢地记在了心里，然后去准备了565克材料，那么，你能猜出她准备的面粉、水和酵母各是多少克吗？

知识点

"按比例分配"问题

在日常生活中，我们常常需要把一个数按照一定的比例分成若干份，这种分配方法就是"**按比例分配**"。如果已经知道总量，想要求出各个部分的量，我们可以先求出"**总份数**"，再用总量分别乘以部分量所占的分率，就可以知道部分量是多少了。

在前面的故事中，我们已经知道面粉、水、酵母的质量比是 80 ：32 ：1，那么总份数就是 80+32+1=113 份，其中面粉占$\frac{80}{113}$份，面粉的质量为 $565\times\frac{80}{113}=400$ 克；水占$\frac{32}{113}$份，水的质量为 $565\times\frac{32}{113}=160$ 克；酵母占$\frac{1}{113}$份，酵母的质量为 $565\times\frac{1}{113}=5$ 克。因此，小琪准备了 400 克面粉、160 克水和 5 克酵母。

延伸思考

"按比例分配"解决"分马问题"

掌握了"按比例分配"的计算方法后，我们还可以用它来解决一些数学难题。

比如，有一道很有趣的"分马问题"，说的是有个农夫在临终前留下遗言，要将家里的 17 匹马分给三个儿子，其中，大儿子分得$\frac{1}{2}$的马，二儿子分得$\frac{1}{3}$的马，三儿子分得$\frac{1}{9}$的马。农夫还要求儿子们不能分割马，那么，三个儿子各自能分到几匹马呢？

对于这道题目，如果用总量直接乘以各自所占的分率，如 $17\times\frac{1}{2}$，显然无法解答，因为算出的结果不是整数，不符合“不能分割马”的要求。这时候我们就可以尝试“按比例分配”，当然，我们要将 $\frac{1}{2}:\frac{1}{3}:\frac{1}{9}$ 这组分数比化为整数比，得到的结果是 9 ：6 ：2，那么总份数就是 9+6+2=17 份。

大儿子所占份数为 $\frac{9}{17}$，他能够分得的马是 $17\times\frac{9}{17}=9$ 匹。用同样的方法，我们可以计算出二儿子分得了 6 匹马，三儿子分得了 2 匹马。这样的计算方法是不是又简单又方便呢？

太有意思了！生活中的数学

日常故事 | 萌趣漫画 | 数学原理 | 拓展阅读

带着孩子玩转数学·让孩子爱上数学

彩虹糖童书馆
Rainbow Candy Kids' Book House

全案策划：杨丽丽
责任编辑：张世昌
执行编辑：秦锦霞
封面设计：天下书装 装帧设计 Mobile:13693001197

上架建议：少儿科普
ISBN 978-7-5165-3398-7
9 787516 533987 >
定价：150.00元（全6册）

每个孩子都需要的趣味数学科普
太有意思了！
生活中的数学
2 逻辑篇
汤　伟◎编著
激发兴趣 | 活学活用
航空工业出版社

太有意思了！生活中的数学

逻辑篇

汤　伟◎编著

航空工业出版社
北　京

内容提要

本书是一套专门为小学生定制的趣味数学读物，从家庭、校园和社会生活出发，让孩子体会到生活中处处有数学。全书共6册，分为运算篇、逻辑篇、测量篇、统计篇、应用篇、图形篇，结合生活实际，以故事的形式，将数学知识融入日常生活，再辅助趣味讲解，把枯燥的知识生活化、趣味化，从而打破孩子认为数学“枯燥、乏味”的刻板印象，培养学习兴趣、锻炼逻辑思维，让孩子轻松爱上数学。

图书在版编目（CIP）数据

太有意思了！生活中的数学．逻辑篇 / 汤伟编著．-- 北京：航空工业出版社，2023.8

ISBN 978-7-5165-3398-7

Ⅰ．①太… Ⅱ．①汤… Ⅲ．①数学－青少年读物 Ⅳ．①01-49

中国国家版本馆CIP数据核字(2023)第117512号

太有意思了！生活中的数学·逻辑篇

Tai Youyisi le!Shenghuozhong de Shuxue.Luoji Pian

航空工业出版社出版发行

（北京市朝阳区京顺路5号曙光大厦C座四层　100028）

发行部电话：010-85672688　010-85672689

三河市越阳印务有限公司印刷　　全国各地新华书店经售

2023年8月第1版　　2023年8月第1次印刷

开本：787×1092　1/16　　字数：50千字

印张：3.5　　定价：150.00元（全6册）

Preface

前言

对于很多孩子来说，数学意味着一条条难记的公式、一堆堆理不清的数字、一个个让人脑仁都疼的抽象思维和逻辑。可事实上，只要改变认知的方法，学习数学也可以很有意思。

在我们的日常生活中，小到烙几块饼、种一棵树、调一次闹钟，大到外出旅行、投资理财、安排工程……无不渗透着数学逻辑思维。

车轮为什么是圆形的？饮料瓶为什么是圆柱形的？小蜜蜂为什么要把自己的家做成正六边形……生活中各种各样或简单、或复杂的图形也和数学有着千丝万缕的关系。

在每学期考试后，老师需要运用统计学知识来计算班级学生成绩的平均分、及格率；当零食不够的时候，孩子们会用抽签的方式来分配，总有“倒霉蛋”在“概率”的作用下分不到零食……“统计”“概率”“图表”这些抽象的概念，一旦运用到生活中，是不是也没那么难了？

数学从来都不是冷冰冰的公式和定理，也绝非拒人于千里之外的证明和推导。我们身边许多地方都有数学的身影，而它的魅力就在于能帮助我们解决许多实际生活中的难题。

这套书不是板着面孔讲数学，而是将生活中经常遇到的问题故事化，然后归纳总结为一个个的数学问题，并通过生动活泼的文字、幽默诙谐的漫画及贴近生活的例子，带领孩子们边玩边分析、边解答。

相信孩子们看完这套书，一定能慢慢地消除对数学“枯燥、乏味”的刻板印象，培养学习乐趣和逻辑思维能力，从而轻松地爱上数学，成为学习和生活中的数学小能手。

Contents

目录

01

校园里的IQ大挑战

1. “丢失”的一个人 / 2

【知识点】排队问题

2. 教室里的彩色气球 / 4

【知识点】周期问题

3. 百米赛跑之谜 / 7

【知识点】比例问题

02

做个"智慧生活家"

4. 数不清的路灯 / 12

【知识点】会"伪装"的植树问题

5. 祖孙三代人过生日 / 15

【知识点】年龄问题

6. 帮妈妈准备早餐 / 18

【知识点】烙饼问题与时间统筹

03

说走就走的数学旅程

7. 火车票有多少种 / 22

【知识点】计数问题

8. 数学家巧解怪题 / 25

【知识点】相遇问题

9. 糊涂大王坐动车 / 27

【知识点】错车问题

04

学学精打细算

10. 粗心大意的售货员 / 32

【知识点】整数奇偶性判断

11. 谁的方案最省钱 / 34

【知识点】租船问题

12. 难忘的生日会 / 37

【知识点】盈亏问题

05

“烧脑”的逻辑谜题

13. 下雨天大扫除 / 42

【知识点】工程问题

14. 装不满的水池 / 44

【知识点】进出水问题

15. 拥挤的检票口 / 47

【知识点】排队检票问题

Part 1

第一部分

校园里的 IQ 大挑战

1. "丢失"的一个人

暑假时，优优参加了夏令营。这天，有工作人员过来统计她所在的班级需要多少套统一的夏令营服，不巧的是老师不在，同学们也没来齐。

于是，工作人员问优优："小朋友，你知不知道你们班有多少人呀？"

优优不好意思地摇了摇头，小声说："我没有数过。"

工作人员一脸发愁地说："这可怎么办呀！"

优优灵光一闪："不要着急，我有办法算出人数。我们班排队形的时候，我前面有 2 个人，后面有 2 个人，左边有 3 个人，右边有 3 个人。2+2=4，3+3=6，再用 4 乘以 6，就能算出我们班共有 24 人。"

工作人员听后，哭笑不得地说："你是不是忘了算上你自己？"

知识点

排队问题

在生活中，排队很常见，而排队问题更多研究的是**如何计算人数**。排队时，我们把横向排的队称为"**行**"，纵向排的队称为"**列**"。当队伍排成了一行或一列，只告诉我们其中一人的位置时，有多种求总人数的常见问题：比如小明、小亮、小花去看电影，他们各排了一列。小花说："我前面有 7 人，后面有 4 人。"小明说："从前面数，我排第 6，从后面数，我排第 5。"小亮说："从前往后数，我排第 4，我后面还有 8 人。"请问哪一列人数最少？

在这个问题中，出现了三种求总人数情况：

第一种为"前面有几人,后面有几人"，用前面的人数加后面的人数后，再加 1，就能得到总人数。所以，小花这列的人数为 7+4+1=12 人；第二种为"从前面数排第几,从后面数排第几"，用前面的排序数加后面的排序数后,再减 1,就能得到总人数。所以，小明这列的人数为 6+5−1=10 人；第三种为"从前往后数排第几位,后面还有几人"，直接用前面的排序数加后面的人数，就能得到总人数了。所以，小亮这列的人数为 4+8=12 人。因此，在这三列中，小明所在的队伍人数是最少的。

在排队问题中，常见的还有长方形队形，根据其中一人的相对位置关系，也可以算出排队的总人数。

比如，早操时的队伍是长方形队形，这种队形每行的人数是相同的，每列的人数也是相同的，用每行人数乘以每列人数，就能得到总人数。所以，优优班里应该有 35 人。

延伸思考

根据两个人的位置求人数

在排队问题中，还有根据两个人的位置求人数的问题。比如队伍排成一行，从左往右数，A 排在第 7 位，从右往左数，B 排在第 9 位。假设 B 在 A 右边的第 4 个位置，问这一行共有多少人？

这类排队问题极其考验我们的逻辑思维能力和空间想象能力。为了避免出错，可以根据给出的条件画出队列图。在队列图中，我们能直观地看出队伍中少计算或重复计算的人。这个问题的答案是 7+9+4−1=19 人。因为 B 被重复计数了 1 次，所以 7+9+4 后要减去 1。

2. 教室里的彩色气球

六一儿童节快到了，老师给班长小凯布置了一项任务，就是装饰班级。小凯和副班长小方商议后，决定在教室里挂彩色气球，并按照 2 个红气球、

2 个黄气球、1 个绿气球的顺序去挂。

小凯手里的班费有限，只够买 200 个气球，让他苦恼的是，他不能快速地算出每种颜色的气球具体要买多少个。于是，他拿出了纸和笔，在纸上依次写下“红红黄黄绿、红红黄黄绿……”，打算列举完后去统计。

小方打断小凯说：“你用这样的方式去计算，要写到什么时候呀！”

小凯虚心请教：“你有什么好方法吗？”

小方信誓旦旦地说：“这个简单，用 200 ÷ 5=40，那么就要买 80 个红气球，80 个黄气球，40 个绿气球。”

你觉得小方算得对吗？

知识点

周期问题

在生活中，我们把经常遇到的那些同一事物依次重复出现的现象，称为**周期现象**，比如每 4 年有一个闰年、十二生肖每 12 年循环一次等，

把重复出现的一个事物从头至尾经历一遍所需要的时间或者间隔，称为**周期**。

上述教室里的彩色气球的排列，就是典型的周期现象。它们排列的规律是按照 5 个一组，每组“2 个红气球、2 个黄气球、1 个绿气球”的顺序重复出现，所以这个问题的一个周期为 5。我们用购买的气球总数除以 5，就能得到一组重复了多少次，再用重复的次数依次乘以每个周期里每种气球出现的次数，就能算出每种颜色气球的总个数。

延伸思考

周期现象中的余数问题

在周期现象的相关问题中，还会遇到“求第几个是什么”的问题，比如彩色气球依然按照“红、红、黄、黄、绿”的规律去排列，你能说说第 37 个气球是什么颜色吗?

彩色气球的排列规律是以“红、红、黄、黄、绿”这 5 个气球为一个周期重复出现的，只要算出第 37 个气球是第几个周期中的第几个，就能解决问题。我们用 37 除以 5，得到 7 余 2。因此，第 37 个气球是第 8 个周期中的第 2 个，为红色气球。

这类问题其实就是利用除法算式的余数去解决问题，即用第几个数除以一个周期，分出若干个完整的周期后，算出余数是几。余数是几，就是下一个周期中的第几个；没有余数，就说明是一个周期中的最后一个。

3. 百米赛跑之谜

这天，乐乐和爸爸去晨跑。

乐乐提议和爸爸来一场百米赛跑，看谁先抵达终点。爸爸欣然同意了。

两人站在同一起跑线上，乐乐一声令下，他和爸爸同时往终点跑去。最终，爸爸以领先乐乐 10 米的优势，赢得了比赛。

乐乐很不服气，他气冲冲地对爸爸说："你是大人，我是小孩，这场比赛对我很不公平。"

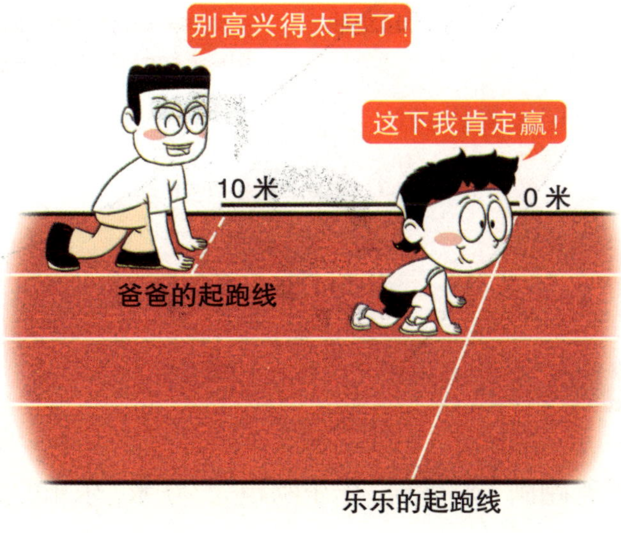

爸爸摸了摸乐乐的脑袋，笑着问："那你想怎么比呢？我都听你的。"

乐乐想了想，说："你让我 10 米好了。"

于是，爸爸将乐乐带回到起跑线，并将自己的起跑线后撤了 10 米。当乐乐再次下达开跑的指令后，他拼命地跑向终点。可结果，还是爸爸赢了。

如果我们假设乐乐和爸爸的跑步速度都是不变的，那么，你能算出爸爸到达终点时领先乐乐多少米吗？

知识点

比例问题

在**匀速**条件下，这场百米赛跑的本质就是简单的**行程问题**，我们利用**比例**就能轻松解决它。那么，什么是比例呢？

比如 1 ：2=3 ：6，也可以写成$\frac{1}{2}=\frac{3}{6}$，这样表示两个比值相等的式子叫作**比例**。组成比例的四个数，叫作**比例的项**，两端的两项叫**比例的外项**，中间的两项叫**比例的内项**。根据比例的性质，**两个内项的积等于两个外项的积**，那么我们只要知道比例中的任意三项，就能求出未知项，这也叫作**解比例**。

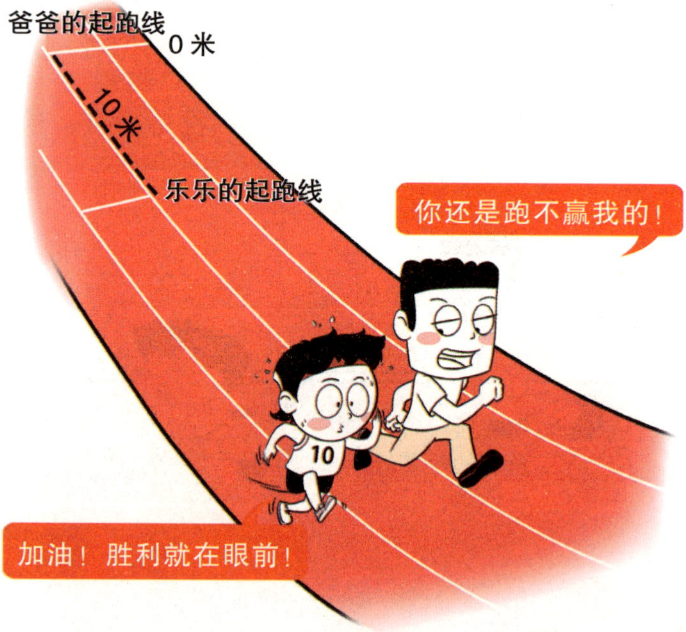

乐乐和爸爸第一次赛跑时，因为爸爸领先乐乐 10 米赢得比赛，所以爸爸跑满 100 米时，乐乐刚跑完 90 米，乐乐的路程与爸爸的路程比是 9:10。因为**路程 = 速度 × 时间**，而且两人用时相同，所以乐乐和爸爸的速度

比与他们的路程比相等，同样为 $9:10$。

第二次赛跑时，两人的速度比与第一次相同，依然为 $9:10$，两人用的时间也是相同的。爸爸先到达终点，但他的路程由于起跑线后撤了 10 米，所以变成了 110 米。我们不妨将乐乐此时的路程设作 x 米，可列出比例 $9:10=x:110$。通过解比例可得出乐乐的路程 $x=110\div10\times9=99$ 米，所以爸爸到达终点时领先乐乐 1 米。

如果爸爸还在百米赛道的起跑线处，乐乐将自己起跑线向前推进了 10 米，当他们同时起跑时，谁会先到达终点呢？

根据第一次赛跑的结果，当乐乐跑了 90 米时，爸爸刚好跑完 100 米。我们不难发现，用这个方案，他们会同时到达终点。

计算时，由于我们不知道谁会先到终点，不妨假设一下爸爸先到达终点，在时间相同的条件下，再利用速度与路程的比例关系，看一看乐乐此时的路程比 90 米多还是少，或者是否等于 90 米，就可以判断我们的假设是否合理了。

我们依然可将乐乐此时的路程设为 x 米，根据乐乐和爸爸的速度比与他们的路程比相等，可以列出比例 $9:10=x:100$，通过解比例得出乐乐的路程 $x=100\div10\times9=90$ 米，所以他们同时达到终点。

延伸思考

怎样在百米赛跑中获胜

在百米赛跑中，如果乐乐站在百米赛道的起跑线上，爸爸需要把自己的起跑线后撤多少米，他们才能同时到达终点呢？

我们知道乐乐和爸爸的速度比始终是 9∶10，那么相同时间内他们的路程比也是 9∶10，我们只需算一算乐乐跑完 100 米时爸爸跑了多少米，再用此时爸爸的路程减去 100 米，就是他的起跑线需要后撤的距离了。

我们不妨设爸爸此时的路程为 x，根据他们的速度比等于路程比，得到 $9:10=100:x$，可以解比例得爸爸的路程 $x=100\div 9\times 10\approx 111.11$ 米，所以爸爸的起跑线后撤的距离大于 11.11 米，乐乐才能在百米大赛中获胜。

现在你掌握获胜的秘诀了吗？

Part 2

第二部分

做个“智慧生活家”

4. 数不清的路灯

四年级小学生磊磊和彤彤接受了一项特别的任务——在小区做公共用电调查。在物业张叔叔的带领下，他们来到了小区的主干道，只见道路两边从头到尾均匀地树立着一根根电杆，每根电杆上都装了 2 盏路灯。

磊磊连忙问：“叔叔，您能告诉我们这里一共安装了多少盏路灯吗？”

张叔叔为难地挠挠头说：“这……都是好几年前的事了，我早忘了，要不你们挨个数一数吧。”

“啊？那多费时间啊，还很容易数错呢！”磊磊的眼睛都瞪圆了。

彤彤笑着说：“我想起来了，老师教过植树问题，用在这里很合适。您只要告诉我们这条路有多长，还有电杆之间的间距是多少，一算就明白了。”

张叔叔点头道：“这个我知道，这条路全长 400 米，每两根电杆的间距是 10 米。”

磊磊不假思索道：“400 ÷ 10=40，电杆有 40 根，路灯有 80 盏，太简单了！”

彤彤和张叔叔却一起摇头说：“不对不对。”

你知道磊磊错在哪儿了吗？

知识点

会“伪装”的植树问题

像这种和间距、数量、长度有关的题目就是本次逻辑之旅要攻克的“**植树问题**”。在生活中，“植树问题”会被“伪装”成**插彩旗、爬楼梯、挂灯笼、安装路灯**等形式。这时候我们不用去考虑物体的形状，不管是树苗，还是彩旗、路灯，都可以看成一个点来思考。

比如在一条不封闭的直路上挂灯笼，如果道路两端都挂，每隔 1 米挂 1 只。那么如果道路总长是 1 米，有一个间隔，就要挂 2 只；总长是 2 米，2 个间隔，就挂 3 只；总长 3 米，3 个间隔，则挂 4 只……灯笼只数总是比间隔数多 1；如果道路只挂一端，只数和间隔数是相等的；如果两端都不挂，只数就比间隔数少 1 了。

两端都挂
只数 = 间隔数 +1

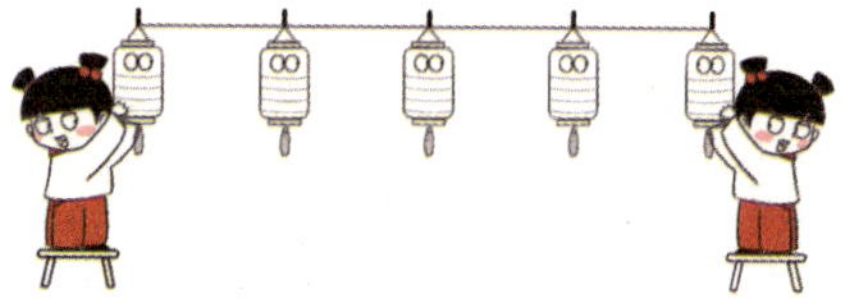

只挂一端
只数 = 间隔数

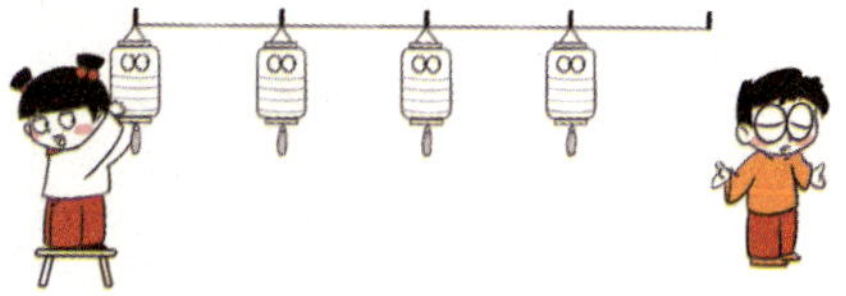

两端都不挂
只数 = 间隔数 −1

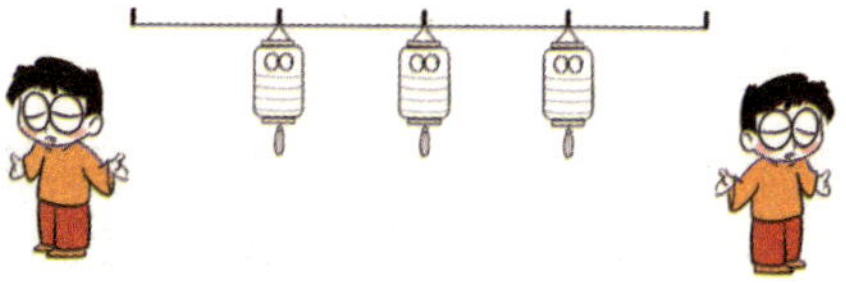

那我们怎样才能知道间隔数呢？这个问题非常简单，只要用**总长除以间距**就可以了。有时候出题老师还会设置一些“小陷阱”，像题目里出现“两边”这个词就得当心了，因为这说明要种两排树，所以总间隔数别忘记乘以 2。

所以，在前面的问题中，电线杆的根数为（400 ÷ 10+1）× 2=82，小区的主干道一共安装了 164 盏路灯。

延伸思考

封闭图形里的植树问题

在封闭图形里种树，可以把图形先“拉直”。比如圆形“拉直”后，会变成只有一个端点的直线，所以棵数和间隔数是相等的。

其他的封闭图形如三角形、正方形、长方形等，如果顶点都种树，由于每个顶点都重复算了一次，所以最后还要减去顶点数。

用公式表示就是：

圆形植树棵数 = 间隔数 = 周长 ÷ 棵距，

方形植树棵数 = 周长 ÷ 棵距 −4，

三角形植树棵数 = 距离 ÷ 棵距 −3。

一个正三角形的街心花园，边长为 40 米。现要求每条边上都均匀地摆上花盆，每个顶点上都有花，每盆花间隔 5 米。

5. 祖孙三代人过生日

桐桐的妈妈经营着一家蛋糕店。这天，妈妈在厨房做蛋糕，桐桐在前厅招待客人。一位穿着西装的叔叔走进了店里，桐桐热情地问：“叔叔您好，是要订蛋糕吗？”

“是的。”叔叔点了点头，接着说：“我的爸爸、我的儿子，还有我，我们都要过生日了。”

“您是要订三块生日蛋糕吗？”桐桐礼貌地问。

叔叔连忙摆摆手说：“我们家祖孙三代人同一天过生日，订一块大蛋糕就行了。”

“你们各自多少岁呢？”桐桐准备记下客人的信息。

叔叔没有直说，而是考验桐桐道：“我们三人的岁数加起来正好100岁。我父亲的岁数等于我儿子过的月数，我过的星期数等于我儿子过的天数。你能算出我们祖孙三人各多少岁吗？”

桐桐自信地说：“简单！您的父亲60岁，您35岁，您的儿子5岁。”

你觉得桐桐算得对吗？

知识点

年龄问题

在“**祖孙·三代人过生日**”的问题上，我们需要弄清楚“岁数”“月数”“星期数”“天数”之间的关系。

1年有12个月，1个星期有7天，根据已知条件“祖父的岁数等于孙子过的月数”和“父亲过的星期数等于儿子过的天数”，可得出祖父的年龄是孙子的12倍，父亲的年龄是儿子的7倍。如果我们将孙子的岁数看作1份，那么父亲的岁数占7份，祖父的岁数占12份，这样，就将祖孙三代人岁数的总和100岁分成了20份，1份对应的为$100\div20=5$岁，所以孙子的岁数为5岁，父亲的岁数为$5\times7=35$岁，祖父的岁数为$5\times12=60$岁。

此外，我们也可以通过列方程去解决问题。设孙子的岁数为x，则儿子的岁数为$7x$，祖父的岁数为$12x$。那么$x+7x+12x=100$，得出$x=5$。用5分别乘以祖孙三人年龄的倍数关系，就能得到他们的岁数了。

延伸思考

年龄问题的特点

在解决年龄问题前，要先了解年龄问题的基本特点：

1. 年龄差不变，即不管时间如何变化，两个人的年龄差始终不变；

2. 增长量相同，即随着时间的推移，每个人年龄的增长量是相同的，过一年长一岁；

3. 倍数关系变化，即两个人年龄的倍数关系是随时间的变化而变化的，随着时间的推移，倍数变小。

在年龄问题上，常会遇到“几年后的年龄”“几年前的年龄”的问题。

比如，今年妈妈与孩子的年龄和是 35 岁。5 年后，妈妈比孩子大 25 岁。那么，今年妈妈和孩子各多少岁？

我们都知道，不管过了几年，妈妈与孩子的年龄差都是 25 岁，这是一个不变的量。

这种问题有 2 种解法：

我们可以先求孩子的年龄。因为妈妈与孩子的年龄和是 35 岁，妈妈大孩子 25 岁，用 35 减去 25，就得到妈妈的年龄与孩子的年龄一样多了，两人岁数和为 10。用 10 除以 2，得到孩子的年龄是 5 岁，妈妈的年龄为 5+25=30 岁。

当然，也可以先求妈妈的年龄。因为妈妈与孩子的年龄和是 35 岁，妈妈

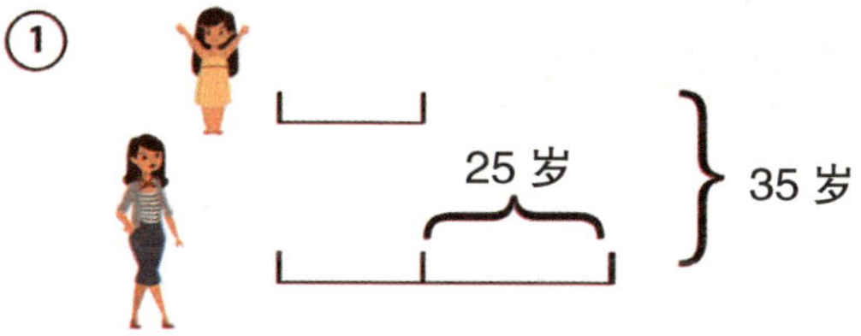

35 – 25 = 10（岁）
小孩：10 ÷ 2 = 5（岁）
小数 =（和 – 差）÷ 2

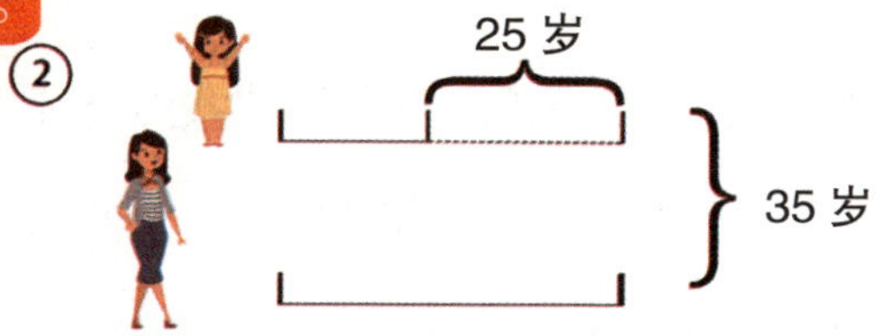

35 + 25=60（岁）
妈妈：60 ÷ 2=30（岁）
大数 =（和 + 差）÷ 2

大孩子 25 岁，用 35+25，就得到孩子的年龄与妈妈的年龄一样多了，两人岁数和为 60 岁。用 60 除以 2，得到妈妈的年龄为 30 岁。根据妈妈的年龄，算出孩子的年龄为 5 岁。

你发现了吗？解决这个问题的关键，就是把“不一样多”变成“一样多”，再除以 2。在求小数时，要把大数砍成和小数一样多，再除以 2；在求大数时，要把小数补成和大数一样多，再除以 2。

这类问题叫作“和差问题”，就是已知两数之和、两数之差，求两数。

和差关系式为：

小数 =（和 − 差）÷ 2，

大数 =（和 + 差）÷ 2。

6. 帮妈妈准备早餐

“来不及了，来不及了……”清晨，妈妈在厨房里一边忙碌，一边着急地喊着。

小文走进厨房，发现妈妈还没开始准备早饭，可她 7 点 30 分就要出门去上学了，这可如何是好？

妈妈看着小文，不好意思地说：“我今天起晚了，本来想烙五张大饼，可现在只有一口锅，每次只能烙两张饼，每面要烙两分钟，正反面都算上，烙两张饼就是 4 分钟；再烙两张饼，又是 4 分钟；最后一张饼还得要 4 分钟，加起来就是 12 分钟，但吃饼还要花 10 分钟呢。现在已经 7 点 10 分了，你7点半不出门的话，上学就会迟到，怎么办啊？”

小文听完忍不住笑了：“妈妈，我教你怎么烙饼。用我的方法，10分钟准能烙完，再用10分钟吃完，一点儿都不会耽误上学。”

你猜到小文会教妈妈怎么做了吗？

知识点

烙饼问题与时间统筹

在生活中，我们常常会遇到需要同时做几件事的情况，在时间有限的情况下，怎样才能最快最好地完成任务呢？

这就要用到大数学家华罗庚爷爷提出的**时间统筹法**了，这种方法的本质是想办法减少“闲置”的时间，在同样的时间里做尽可能多

的事情。

所以，在前面的故事中，小文的妈妈需要在烙饼时每次都尽可能在锅里放上最多的饼，不让锅里出现“空位”，这样就不会白白浪费时间了。

按照这样的思路，烙 5 张饼最短只用 10 分钟，烙 6 张饼最短只用 12 分钟（2 张 2 张地烙即可），烙 7 张饼最短只用 14 分钟……

现在，你发现规律了吗？原来，在饼的张数大于 1 的情况下，烙饼最短的时间 = 烙一面的时间 × 饼的张数。

延伸思考

列表法解决烙饼问题

在总结烙饼问题规律的时候，我们可以画一张表格，在里面列出烙饼的张数、烙完所有饼所需的时间，然后进行简单的对比，就能发现两个数量之间的关系，这种解题方法就是列表法，它能让我们从比较烦琐的信息中找准突破口，一步步向结论靠近。

饼数（张）	所需时间
3	6
4	8
5	10
6	12
…	…

在生活中，想要解答“时间最短”“用人最少”“面积最大”这样的问题，我们也可以用到列表法——先把所有的方案都列出来，再比较表格中的时长、人数、面积的变化规律，答案就一目了然啦！

Part 3

第三部分

说走就走的数学旅程

7. 火车票有多少种

今年，小雨跟着爸妈回老家过年。他们乘坐火车从上海出发，目的地是南京。小雨是第一次坐火车，她好奇极了，这里看看，那里瞧瞧。

这时，列车员过来检票。小雨发现她的火车票上写着“上海到南京”，坐在她旁边的阿姨的火车票上写着“上海到苏州”。

小雨好奇地问妈妈：“为什么大家的火车票都不一样呢？”

妈妈笑着说：“这列火车往返于上海、南京，中途要经过4个停靠站呢！想去哪站，就买到哪站的票。”

小雨惊叹：“那不是要准备好多种火车票！”

妈妈点了点头，然后问小雨：“你能算出这列火车共有多少种火车票吗？”

小雨掰起手指，嘴里念念有词，过了好久，她才不确定地回答：“共有15种？”

你觉得小雨说得对吗？

知识点

计数问题

在实际生活中经常会遇到**排队、分组**的有关计数问题，最基本的方法是**列举法**：就是把需要计数的对象一一列举出来，最后计算总数。

在“火车票有多少种”的计数问题中，火车往返于上海、南京，中途有4个停靠站，包括起始站和终点站在内，共有6个站。为了方便列举，我们用A、B、C、D、E、F分别表示这6个站点。

A到其他站点的火车票：AB、AC、AD、AE、AF；

B到其他站点的火车票：BA、BC、BD、BE、BF；

C到其他站点的火车票：CA、CB、CD、CE、CF；

D到其他站点的火车票：DA、DB、DC、DE、DF；

E到其他站点的火车票：EA、EB、EC、ED、EF；

F到其他站点的火车票：FA、FB、FC、FD、FE。

所以，总计有 30 种不同的火车票。

需要注意的是，火车是开往返线的，从 A 开往 F 与从 F 开往 A 的火车票并不相同，列举时要做到不重不漏。

延伸思考

计数问题的简便算法

在停靠站不多的情况下，我们可以一一列举出来。如果停靠站很多时，使用列举法就显得费时费力了，有没有更便捷的方法呢？

我们先来了解一下关于计数问题的两个基本原理。

1. 分类加法原理：如果完成一件事有几类不同的方法，每类方法中又有几种不同的方法，选择任意一类方法中的任意一种方法，都可以完成这件事，那么，完成这件事的方法总数就等于各类方法数的总和。

2. 分步乘法原理：如果完成某一件事要分几步进行，那么，完成这件事的方法总数就等于完成各步方法数的乘积。

在“火车票有多少种”的计数问题中，如果总共有 10 个站点，我们可以将火车票根据起点站的不同分为 10 类，每一类都有 9 个不同的终点站与之搭配，根据分类加法原理，我们将每类中的火车票种数相加即可，即 9+9+9+9+9+9+9+9+9+9=90 种。

我们知道确定一张火车票只要选定起点站和终点站，所以我们还可以将这个问题视为两步完成，第一步在 10 个站点中任选一个作为起点站，那就有 10 个起点站；第二步在剩余 9 个站点中任选一个作为终点站，那么就有 9 个终点站。根据分步乘法原理，我们将每一步情况总数相乘即可，即 10 × 9=90 种。

8. 数学家巧解怪题

筱筱跟着爸妈在广州生活。放暑假了，她的爸妈因为工作忙，没有时间照顾她，打算送她去上海的外公家过暑假。爸爸碰到了一个让他犯难的问题："广州距离上海约 1500 千米，我只有一天的假期，就算以最快的车速，也来不及往返一趟呀！"

筱筱想到一个好主意："你和外公同时从两地出发，相向而行。等两车相遇后，我坐外公的车返回上海，你返回广州。"

"这真是个好主意！"爸爸对筱筱竖起了大拇指。

第二天，爸爸和外公同时从两地出发。路上，爸爸又考起了筱筱："我们家的小数学家，你能告诉我，我要开多久才能跟你外公相遇吗？"

"这可难不倒我！"筱筱说着，就给外公打电话，得到外公的平均车速是 90 千米 / 小时，而她爸爸的平均车速是 110 千米 / 小时。她默算了会儿，然后一脸肯定地对爸爸说："7 个半小时后你们就能相遇了。"

你觉得筱筱说得对吗？

知识点

相遇问题

相遇问题是指两个物体在行驶过程中相向而行，然后在途中某个点相遇的行程问题。在解决相遇问题时，要找出两个物体的出发地点、出发时间、运动方向和运动结果这四个要点，然后根据这四个要点画出线段图。因为线段图能清晰地展现出速度、时间与路程之间的数量关系，有效地帮助我们解决问题。

假设甲从 A 地出发到 B 地，同一时间内，乙从 B 地出发到 A 地。两人在途中相遇了。当我们画出线段后，会发现 A、B 之间的路程是由甲和乙一起走完的。

因此，相遇问题的数量关系式为：

总路程 = 甲走的路程 + 乙走的路程

= 甲的速度 × 相遇时间 + 乙的速度 × 相遇时间

=（甲的速度 + 乙的速度）× 相遇时间

= 速度和 × 相遇时间。

转换数量关系可得：

相遇时间 = 总路程 ÷ 速度和，

速度和 = 总路程 ÷ 相遇时间。

上述相遇问题求的是相遇时间，那么就要用总路程除以速度和，即 1500÷（90+110）=7.5 小时。

延伸思考

如何解决追及问题

两个运动的物体，一个速度慢，一个速度快，速度慢的物体在前，速度快的物体在后，并经过一段时间追上速度慢的物体，就产生了追及问题。

解决追及问题的关键，就是要算出走得快的物体在某一段时间内比走得慢的物体多走的路程，也就是计算出两个物体的路程差。

因此，追及问题的数量关系式为：

追及路程 = 甲走的路程 − 乙走的路程

= 甲的速度 × 追及时间 − 乙的速度 × 追及时间

= (甲的速度 − 乙的速度) × 追及时间

= 速度差 × 追及时间。

我们举个例子，假如甲、乙两人从不同的地点同时同向而行，其中甲每小时走 16 千米，乙每小时走 9 千米，乙在 4 小时后追上甲，求甲、乙的追及路程。

根据追及路程的数量关系式，可得甲、乙的追及路程为 (16−9) ×4=28 千米。

9. 糊涂大王坐动车

放寒假了，家在北京的小姨邀请石头去北京玩。石头高兴极了，连忙问妈妈同不同意他去。

“我和你爸爸都要工作，没时间送你去呀！”妈妈一脸烦恼地对他说。

“不用你们送，我自己去就行！”石头拍着胸脯说。

妈妈想不出其他办法，只好同意石头独自去北京。不过她嘱咐石头，等抵达北京后，一定要联系小姨去接他。

出发前一天晚上，石头激动得睡不着觉，以至于前往车站的途中瞌睡连连，最后直接在车站内呼呼大睡，错过了动车。

石头只好联系妈妈来接他。他害怕妈妈批评他，一见到妈妈就大声为自己辩解：“我就迟了3秒钟！就3秒钟的时间动车便和我擦身而过了。”

妈妈气冲冲地说：“你不仅是个糊涂大王！还是个说谎大王！你乘坐的动车长240米，假设它启动后的平均速度是5米每秒，你奔跑的速度是3米每秒，光你们错开的时间就需要30秒！”

你们觉得妈妈说得对吗？

知识点

错车问题

错车问题是**行程问题**的一种，**错车**指的是两个运动的物体相向而行，从相遇到错开的整个运动过程。我们在解决错车问题时，依然要用到“路

程 = 时间 × 速度”这个数量关系式。

假设在错车问题中，两个运动的物体是车与人，错车就是指从车头与人相遇到车尾离开人的整个运动过程。我们可以将人看作一个点，那么错车时间 = 车长 ÷（火车速度 + 人的速度）。上面的错车问题发生在人与动车之间，根据公式，得到错车时间为 240÷（5+3）=30 秒。所以妈妈说得是对的。

假设错车问题发生在车与车之间，错车就是指两车从车头相遇到车尾相离的整个运动过程，那么错车时间 = 两车车长之和 ÷ 两车速度之和。

还有一种情况，就是人坐在车里与另外一辆车错开，这里的错车指的是从坐在车里的人通过车窗看到另外一辆车的车头到车尾离开自己的整个运动过程。那么错车时间 = 另外一辆车长 ÷ 两车速度之和。

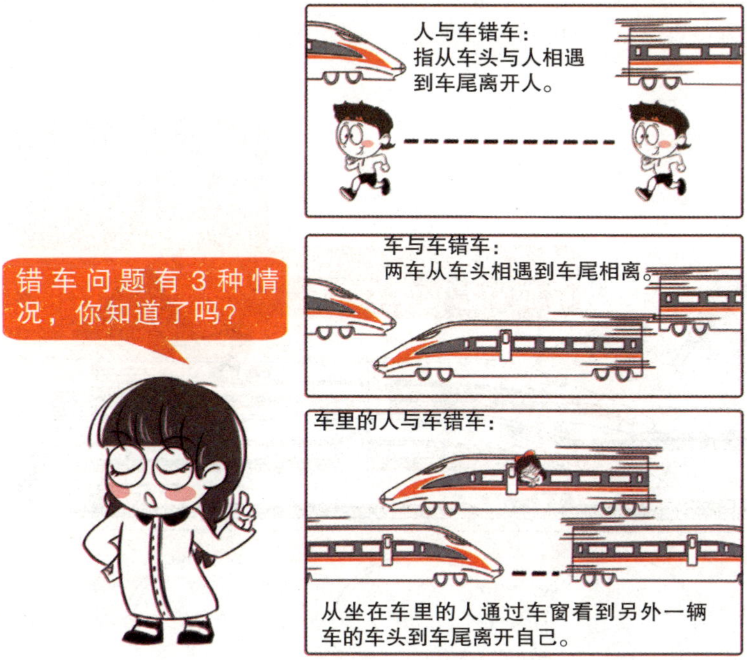

延伸思考

用相对速度解决错车问题

如果即将错开的两列火车速度不同，车长也不同，那么坐在火车里的人看到的错车时间也不同。

比如有两列火车，速度快的长 200 米，速度慢的长 300 米，现两列火车在两条平行的轨道上相向行驶。如果坐在慢车上的人看到快车驶过车窗的时间是 10 秒，那么坐在快车上的人看到慢车驶过车窗的时间是多少呢？

首先，我们要求出两车的相对速度。这里假设慢车是静止的，快车的相对速度 = 快车长度 ÷ 快车驶过窗口的时间，即 200 ÷ 10=20 米 / 秒；假设快车是静止的，那么慢车的相对速度依然是 20 米 / 秒。我们用慢车车长除以相对速度，就能得到快车上的人看到慢车驶过的时间了，即 300 ÷ 20=15 秒。

Part 4

第四部分

学学精打细算

10. 粗心大意的售货员

“园园，帮妈妈去楼下的小超市买 2 瓶酱油、2 瓶料酒和 2 包盐。”妈妈一边在厨房里做饭，一边大声对园园说。

“好的，我这就去。”园园拿着钱下了楼。她进了超市后，很快就找到了自己要买的东西。她听妈妈说过，这些物品的单价都是整数，结账的时候，她给了售货员阿姨 100 元。售货员阿姨找了她 51 元。不过，园园并没有收下钱，而是提醒售货员：“阿姨，您找错钱了！”

售货员阿姨听后，自言自语地计算起来：“酱油 12 元一瓶，料酒 10 元一瓶，盐 3 元一包，总共是 50 元。”她不好意思地对园园说：“还真是找错钱了，多找了你 1 元。”

园园等售货员阿姨拿回 1 元钱后，才接过了要找的钱。

售货员好奇地问园园：“小朋友，你是怎么知道我算错钱的呢？”

园园笑着说：“我是利用数的奇偶性判断出来的。”

知识点

整数奇偶性判断

在数学中，**奇数**指的是不能被 2 整除的整数，**偶数**指的是能被 2 整除的整数。0 是特殊的偶数。所以，我们判断一个整数是奇数还是偶数，要看它能否被 2 整除。我们判断一个算式结果的奇偶性，则需要根据算式中整数的奇偶性去判断。

当整数进行加减法运算时，奇数 + 奇数或奇数 – 奇数，结果都为偶数；偶数 + 偶数或偶数 – 偶数，结果都为偶数；奇数 + 偶数、奇数 – 偶数或者偶数 + 奇数、偶数 – 奇数，结果都为奇数。

此外，奇数个奇数相加，结果为奇数；奇数个偶数相加，结果为偶数；偶数个奇数相加和偶数个偶数相加，结果都为偶数。

这里有一个方便我们记忆的口诀：奇奇为偶，偶偶为偶，奇偶为奇。

在上述问题中，园园购买的每件物品的数量都是偶数，不管物品的价格是奇数还是偶数，相加后的结果都会是偶数。所以，仅通过判断奇偶数，不用具体计算，就能知道是否算错。

延伸思考

周期问题中的奇偶数

奇偶性判断也常出现在周期问题中，比如有 70 个数排成一行，除去第 1 个数和第 70 个数外，其余每个数的 3 倍都等于它两边的两个数之和。这行数字最左边的几个数为：0、1、3、8…，问第 70 个数是奇数还是偶数？

解决这个问题时，要先判断出每个数的奇偶性，然后根据数的奇偶性找出排列的规律。在这一行数字中，这些数是按照“偶数、奇数、奇数”的规律排列的。根据周期问题中余数的应用，用 70 除以 3，得到 23 余 1，那么第 70 个数是第 24 个周期中的第 1 个数，为偶数。

11. 谁的方案最省钱

春天到了，老师带着班里的 31 名同学去春游。同学们看到公园里的小湖边停了许多船，便提出想去划船。老师欣然同意，然后问工作人员每种船的租金和限乘人数各是多少。

工作人员说：“每艘大船的租金是 36 元，限乘 6 人；每艘小船的租金是 28 元，限乘 4 人。”

随后，老师将同学们召集在一起问：“同学们，你们想一想怎样租船最省钱？”

同学们交头接耳地议论起来，有的同学说：“大船坐的人多，我们全租大船。”

有的同学说：“小船租金便宜，我们全租小船。”

班长却大声说：“你们的方案都不是最省钱的，只有混租才是最省钱的。”

你觉得班长说得对吗？

知识点

租船问题

在生活中，租船、租车的情景很常见，解决这类问题其实就是找出最省钱的方案。我们不能通过表面看到的信息去选择，而是应该根据实际情况经过计算后再做出选择。

在这个问题中，假设只租小船，用该班级的人数 31 除以每艘小船的限乘人数 4，得数为 7 余 3，在所有人都乘坐的情况下需要 8 艘小船，那么租金为 $8\times28=224$ 元；假设只租大船，同样用该班级人数 31 除以每艘大船的限乘人数 6，得数为 5 余 1，那么在所有人都乘坐的情况下需要

6艘大船，租金为 $6\times36=216$ 元。如此看来，租大船要比租小船划算。

但是，全部租大船会出现坐不满的情况。考虑到每艘大船的租金比每艘小船的租金贵，我们不妨选择混租的方案。

我们用船的租金除以限乘人数，得到大船中每人付6元，小船中每人付7元。因此，我们要尽可能多地去坐大船，人数坐不满的改乘小船。该班级的31人可乘满5艘大船，余下的1人改乘小船。那么租金为 $5\times36+1\times28=208$ 元。

延伸思考

租船问题中的优化分配

租船问题中蕴含的数学优化思想方法还可以用在购买门票、超市购物等方面。在不同的情景中，又会加入新的条件。

比如有一个旅行团，团里有8个成年人和5名儿童，他们在购买景区门票时，看到有两种售票方案：一种是个人购买门票，其中成人每人40元，儿童每人 20 元；一种是团购门票，10 人及以上每人 25 元。那么，怎么购买门票最省钱呢？

先计算出每种方案所需的费用，个人购买门票的方案将花费 8×40+5×20=420 元；团购门票的方案将花费（8+5）×25=325 元。很显然，团购比个人购买门票更划算，不过这并不是最优方案。因为儿童票比团购的票价低，我们可以用混买的方案去购票：将 5 名儿童进行优化分配，其中 2 名儿童与 8 名成人参加团购，剩下的 3 名儿童购买儿童票，那么总花费为 10×25+3×20=310 元。

怎么样？你掌握省钱的小技巧了吗？

12. 难忘的生日会

小美生日那天，她邀请小伙伴们来家里做客。妈妈做了一盘香喷喷的小饼干，让她分给小伙伴们吃。

小美先是看了看饼干的分量，又数了数有几个小伙伴，心想：为了避免不够分，我先每人分 3 块吧！可是当她分完后，盘子里还剩下 11 块小饼干，她连忙对大家说："余下的饼干有些多，我们重新分，这次我们每人分 5 块。"然而，当她分完后，又发现有个小伙伴少分了 1 块。

小美烦恼极了，心想："不管我怎么分，不是多了，就是少了。"最后，她拿了一块自己的饼干给少分了 1 块的小伙伴，笑着说："这个小饼干我随时都能吃到，今天就少吃一块吧！"就这样，小伙伴们心满意足地吃起了美味的小饼干。

你知道小美邀请了几个小伙伴来参加她的生日会吗？妈妈又做了多少块小饼干呢？

知识点

盈亏问题

在生活中，我们时常会碰到根据一定的人数去分配物品的场景。我们将分配完后还有剩余的情况称为**"盈"**，将分配完后不够分的情况称为**"亏"**。

将一定数量的物品平均分给一定数量的人。在两次分配中，会出现三种情况：第一种情况是一次分配后有剩余，一次分配后不够分；第二种情况是两次分配后都有剩余；第三种情况是两次分配后都不够分。但最终都是求参加分配的物品总量及人数。我们将这类问题称为**盈亏问题**。

上面分配饼干的问题就是典型的盈亏问题，第一次分配时每人分 3 块余 11 块，第二次分配时每人分 5 块少 1 块。第二次每个人比第一次多分 2 块，这些多分的饼干其实就是来自第一次分剩下的 11 块，加上第二次不够的 1 块，一共 12 块。12 ÷ 2=6，所以加上小美一共有 6 个小朋友，小美邀请了 5 个小朋友。再根据饼干的分配情况，6 × 3+11=29 或 6 × 5−1=29，可以知道妈妈一共做了 29 块饼干。

仔细观察，可以发现盈亏问题的关系式为：

参加分配总人数 =(盈 + 亏)÷ 分配差（分配差是指两次分配量之差）。

延伸思考

条件转换型盈亏问题

在现实生活中，盈亏问题是复杂多变的，有些问题需要转换条件，使其成为普通的盈亏问题后，才能用数量关系式解决问题。

比如，学校组织同学们去种树，如果每人种 4 棵，还有 10 棵没人种；如果其中 2 人各种 4 棵，其余人各种 6 棵，这些树刚好种完。请问有多少名同学参加了植树活动呢？

在这个问题中，“如果每个人种 4 棵树，还有 10 棵没人种”是盈亏问题中的“盈”，“如果其中 2 人各种 4 棵，其余人各种 6 棵，这些树刚好种完”这个条件让人看不出盈亏，所以要对这个条件进行等量转换，转换为“如果每人种 6 棵树，还缺 4 棵树”，这就能看出这个条件是盈亏问题中的“亏”。根据盈亏问题的数量关系式，可以计算出参加植树活动的同学有（10+4）÷（6−4）=7 人。

Part 5

第五部分

“烧脑”的逻辑谜题

13. 下雨天大扫除

阳光小学六年级的学生们参加了给社区打扫卫生的志愿服务活动。一名工作人员将同学们分成了两队，并选了薇薇和萌萌当小队长。在说明打扫范围后，他问两个小队长多久能打扫完毕。

薇薇自信地说："我们小队 2 个小时能打扫完。"

萌萌保守地说："我们小队 3 个小时能打扫完。"

最终，工作人员将打扫的任务交给了薇薇的小队，并临时安排萌萌的小队给社区的空巢老人发放生活物资。

薇薇的小队干了 1 个小时后，天空忽然乌云密布。工作人员对薇薇说："下雨会让打扫变得困难，所以，我让萌萌的小队帮助你们一起完成。"之后，两个小队一起打扫社区。

薇薇很好奇："我们两个小队一起打扫社区，几小时能完成呢？"

萌萌一脸确定地说："只要 36 分钟就能打扫完。"

你觉得萌萌说得对吗？她是怎么计算出来的呢？

知识点

工程问题

在生活中，像集体大扫除、修桥、修路等，都属于**工程问题**，这类问题主要研究工作量、工作时间和工作效率三者之间的关系。

一般情况下，工程问题中不会出现明确的工作量，只给出“一项工程”“一件工作”等信息。因此，我们要将工作量看成一个整体，用“1”来表示。工作效率是指在单位时间内完成工作量的几分之几，比如一项工程5天能完成，工作效率就是$\frac{1}{5}$。由此得到三者之间的数量关系式：

工作量＝工作效率×工作时间，

工作时间＝工作量÷工作效率，

工作效率＝工作量÷工作时间。

上述下雨天打扫社区的问题先是由一个小队做，后由两个小队一起完成，属于多人合作的工程问题。先根据“工作量＝工作效率×工作时间”，求出薇薇的小队 1 小时完成的工作量为$\frac{1}{2}\times 1=\frac{1}{2}$，那么剩下的工作量为$\frac{1}{2}$。因为“工作时间 = 工作量 ÷（甲的工作效率 + 乙的工作效率）”，萌萌的小队工作效率为$\frac{1}{3}$，得到两个小队的工作时间为$\frac{1}{2}\div\left(\frac{1}{2}+\frac{1}{3}\right)=\frac{3}{5}$小时，也就是 36 分钟。

延伸思考

工程问题中的工效变化

在工程问题中，还会遇到工效变化或中间休息的情况，这类问题该怎么解决呢？

比如有一项工程，甲单独做需要 10 天完成，乙单独做需要 15 天完成。如果甲乙合作，甲的效率会降低 10%，乙的效率会降低 15%。问两人合作多少天能完成这项工程？

在这个问题中，甲、乙单独完成时，甲的工作效率是$\frac{1}{10}$，乙的工作效率是$\frac{1}{15}$。甲、乙合作后，工作效率都产生了变化，甲的工作效率只有单独完成时的（1−10%），所以合作后的工作效率为（$\frac{1}{10}\times 90\%$）；乙的工作效率是单独完成时的（1−15%），所以合作后的工作效率为（$\frac{1}{15}\times 85\%$）。因为“工作时间 = 工作量 ÷（甲的工作效率 + 乙的工作效率）”，可算出两人合作了 $1\div\left(\frac{1}{10}\times 90\%+\frac{1}{15}\times 85\%\right)=6.12$ 天。

14. 装不满的水池

布布家有两个水池，一个是游泳池，一个是荷花池，两个水池紧挨在一起。因为夏天太热了，他家的两个水池里的水都蒸发了，水池都见了底。

这天，爸爸找来一根细水管和一根粗水管，准备重新将两个池子放满水。这两个水管，一根连接水龙头和泳池；一根连接泳池和荷花池。同时开启后，两个池子能同时蓄水。

布布是个行动派，他迅速将两根水管安装好。就在他打开水龙头放水时，爸爸制止了他，说："你把水管安装错了！"

布布摸了摸头，一脸迷惑地问："哪里安装错了？"

爸爸说："你安装的细的进水管单独开启后 60 分钟能将泳池放满，粗的出水管单独开启后 50 分钟能将泳池里的水排空。可是如果同时开启两根水管，泳池将永远装不满水。"

你知道原因吗？

知识点

进出水问题

从数学的角度来说，**进出水问题**是**工程问题**的一种。因为进出水问题同样研究的是工作量、工作时间和工作效率三者之间的关系。所以，工

程问题的数量关系式也适用于解决进出水问题。

在上述进出水问题中，为什么同时开启两根水管后，泳池会永远装不满水呢？我们**把泳池的蓄水量看作“1”**，先来看进水管，单独开启进水管时，60 分钟能将泳池装满水，那么进水管每分钟的工作效率是$\frac{1}{60}$；单独开启出水管时，50 分钟能将泳池的水排空，那么出水管每分钟的工作效率是$\frac{1}{50}$。进水效率小于出水效率，因此两根水管同时开启后，泳池永远装不满水。

延伸思考

多个进出水管问题

在进出水问题中，水池中往往有多个进水管和多个出水管在工作，这类问题该怎么解决呢？很简单，先找出工程问题中的三个量，再利用公式解决问题。

比如有一个新建好的鱼池，单独开启 1 根进水管，5 个小时能将鱼池放满水；单独开启 1 根出水管，10 个小时能将池中的水排完。现同时打开 4 个进水管和 6 个出水管，问多久能将鱼池放满水？

解决这个问题的关键是找出 4 个进水管和 6 个出水管的工作效率。我们将鱼池的蓄水量看作“1”，那么 1 根出水管的工作效率是$\frac{1}{5}$，4 根进水管的工作效率就是$\frac{4}{5}$；1 根出水管的工作效率是$\frac{1}{10}$，6 根出水管的工作效率就是$\frac{6}{10}$。用 4 根进水管的工作效率减去 6 根出水管的工作效率，就能得到每小时的蓄水量，即$\frac{4}{5}-\frac{6}{10}=\frac{1}{5}$。因为“工作时间 = 工作量 ÷ 工作效率”，所以用 1 除以$\frac{1}{5}$，得出 5 个小时能将鱼池放满水。

在这个问题的基础上，如果将问题改为“现同时打开 4 根进水管和几根出水管，5 个小时能将鱼池放满水？”你知道怎么解决吗？很简单，用“工作效率 = 工作量 ÷ 工作时间”这个公式就能解决问题，即$(\frac{1}{5}\times 4-\frac{1}{5})\div\frac{1}{10}=6$，所以同时打开 4 根进水管和 6 根出水管。

15. 拥挤的检票口

周末，琪琪约果果去电影院看电影。她们到了电影院买好票后，工作人员还没开始检票，不过检票口已经排了一支长队。

几分钟后，工作人员在广播里通知：“16 点场次的电影开始检票，请大家有序排队检票入场！”

工作人员开始检票后，原本坐在大厅里等候的人纷纷跑去排队，平均每分钟有 10 个人去排队检票。果果见队排得越来越长，连忙拉着琪琪去排队。

一旁的工作人员告诉果果，这个检票口每分钟能检 30 个人的票，检票开始 10 分钟后就没有人排队了，来的人随检随进。果果觉得 1 个检票口的效率太低了，她好奇地问琪琪：“如果有两个检票口，检票开始后多少分钟就没有人排队了呢？”

琪琪神气地说：“这个问题难不倒我！ 4 分钟后就没人排队了。”

你知道琪琪是怎么计算出来的吗？

知识点

排队检票问题

这个问题中有一个等量关系：总人数 = 原有人数 + 新增人数。

因为 1 个检票口每分钟能检 30 人的票，10 分钟后达到随检随进的状态，所以排队的总人数为 30×10=300 人；平均每分钟有 10 人去排队检票，10 分钟的新增人数为 10×10=100 人。那么原有人数为 300−100=200 人。因为两个检票口每分钟能检 60 人的票，用 60 人减去每分钟新增的 10 人，就能达到随检随进不排队的状态，我们用原有人数 200 除以（60−10），得到两个检票口 4 分钟后就没有人排队了。

延伸思考

牛吃草问题

英国著名的物理学家牛顿曾提出这样一个问题：假设有一片草地，小草每天都在匀速生长。这片草地可供 10 头牛吃 22 天，或者供 16 头牛吃 10 天。如果供 25 头牛吃，可以吃多少天呢？

这种类型的问题被称为"牛顿问题"，也叫"牛吃草问题"，指的是一群牛在一片匀速生长的草地上吃草所产生的问题，前面的检票问题就是由牛吃草问题变化而来。

在牛顿的问题中，虽然牧场上的草量随着新草的生长不断变化，但牧场上原有的草是不变的。新长的草虽然在变化，但由于是匀速生长，所以每天新长出的草量应该是不变的。

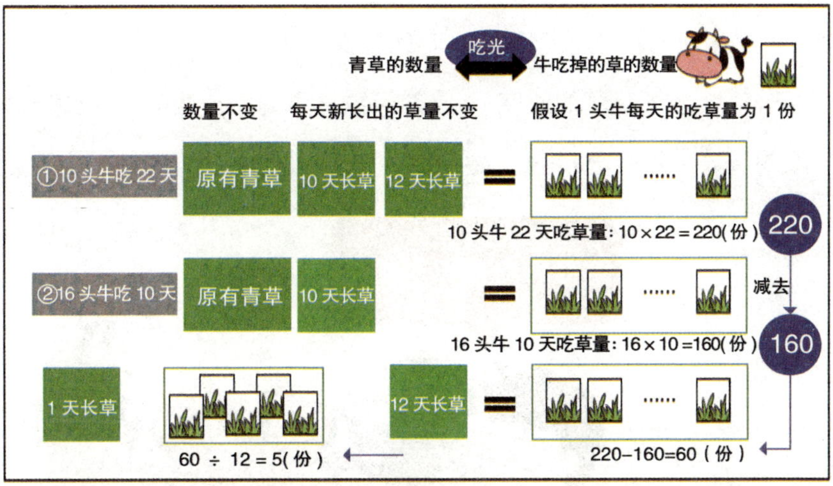

假设 1 头牛每天的吃草量为 1 份。10 头牛 22 天的吃草量为 1 × 10 × 22=220 份；16 头牛 10 天的吃草量为 1 × 16 × 10=160 份。如上图所示，220−160=60 份，22−10=12 天，得到 12 天草长出了 60 份，那么草每天的生长速度为 60 ÷ 12=5 份 / 天。

用草每天的生长速度 5 份 / 天乘以 22 天，得到 22 天草的生长量为 110 份，所以原有的草量为 220−110=110 份。当然，也可以用草每天的生长速度乘以 10 天，得到 10 天草的生长量为 50 份，用 160 减去 50，同样能得到原有的草量为 110 份。

因为 25 头牛每天的吃草量为 25 份，草地每天的生长量为 5 份。用 25 减去 5，得到 25 头牛每天吃完新长的草外，还要吃掉 20 份草。我们用原有的草量 110 除以每天吃掉的 20，就可以得出这片草地供 25 头牛吃，可以吃 5.5 天。

在这个问题中，我们可以总结出几个公式：

草的生长速度 =（对应的牛头数 × 吃的较多天数 − 相应的牛头数 × 吃的较少天数）÷（吃的较多天数 − 吃的较少天数），

原有草量 = 牛吃草的速度 × 吃的天数 − 草的生长速度 × 吃的天数，

吃的天数 = 原有草量 ÷（牛吃草的速度 − 草的生长速度）。

太有意思了！

生活中的数学

日常故事 | 萌趣漫画 | 数学原理 | 拓展阅读

带着孩子玩转数学 · 让孩子爱上数学

彩虹糖童书馆
Rainbow Candy Kids' Book House

全案策划：杨丽丽
责任编辑：张世昌
执行编辑：秦锦霞
封面设计：装帧設計 Mobile:13693001197

上架建议：少儿科普

ISBN 978-7-5165-3398-7

9 787516 533987 >

定价：150.00元（全6册）

每个孩子都需要的趣味数学科普

太有意思了！生活中的数学

③测量篇

周 婷◎编著

激发兴趣 | 活学活用

航空工业出版社

太有意思了！生活中的数学

测量篇

周　婷◎编著

航空工业出版社
北　京

内容提要

本书是一套专门为小学生定制的趣味数学读物，从家庭、校园和社会生活出发，让孩子体会到生活中处处有数学。全书共6册，分为运算篇、逻辑篇、测量篇、统计篇、应用篇、图形篇，结合生活实际，以故事的形式，将数学知识融入日常生活，再辅助趣味讲解，把枯燥的知识生活化、趣味化，从而打破孩子认为数学“枯燥、乏味”的刻板印象，培养学习兴趣、锻炼逻辑思维，让孩子轻松爱上数学。

图书在版编目（CIP）数据

太有意思了！生活中的数学 . 测量篇 / 周婷编著 . -- 北京 : 航空工业出版社 , 2023.8

ISBN 978-7-5165-3398-7

Ⅰ . ①太… Ⅱ . ①周… Ⅲ . ①数学 – 青少年读物 Ⅳ . ① O1-49

中国国家版本馆 CIP 数据核字 (2023) 第 117516 号

太有意思了！生活中的数学·测量篇

Tai Youyisi le!Shenghuozhong de Shuxue.Celiang Pian

航空工业出版社出版发行

（北京市朝阳区京顺路5号曙光大厦C座四层　100028）

发行部电话：010-85672688　010-85672689

三河市越阳印务有限公司印刷　　全国各地新华书店经售

2023年8月第1版　　2023年8月第1次印刷

开本：787×1092　1/16　　字数：50千字

印张：3.5　　定价：150.00元（全6册）

Preface

前言

对很多孩子来说，数学意味着一条条难记的公式、一堆堆理不清的数字，一个个让人脑仁都疼的抽象思维和逻辑。可事实上，只要改变认知的方法，学数学也可以很有意思。

在我们的日常生活中，小到烙几块饼、种一棵树、调一次闹钟，大到外出旅行、投资理财、安排工程……无处不渗透着数学逻辑思维。

车轮为什么是圆形的？饮料瓶为什么是圆柱形的？小蜜蜂为什么要把自己的家做成正六边形……生活中各种各样或简单、或复杂的图形也和数学有着千丝万缕的关系。

每学期考试后，老师需要运用统计学知识来计算班级学生成绩的平均分、及格率；当零食不够数儿的时候，孩子们会用抽签的方式来分配，总有“倒霉蛋”在“概率”的作用下分不到零食……“统计”“概率”“图表”这些抽象的概念，一旦运用到生活中，是不是也没那么难了？

数学从来不是冷冰冰的公式和定理，也绝非拒人于千里之外的证明和推导。我们身边许多地方都有数学的身影，而它的魅力就在于能帮助我们解决许多实际生活中的难题。

这套书不是板着面孔讲数学，而是将生活中经常遇到的问题故事化，然后归纳总结为一个个数学问题，通过生动活泼的文字、幽默诙谐的漫画以及贴近生活的例子，带领孩子边玩边分析、边解答。

相信孩子看完这套书，一定能慢慢消除对数学“枯燥、乏味”的刻板印象，培养学习乐趣和逻辑思维能力，从而轻松爱上数学，成为学习和生活中的数学小能手。

Contents

目录

01

走进“长度”乐园

1. 聪明的快递员 / 2

【知识点】最短路线问题

2. 磨损的尺子 / 5

【知识点】坏尺问题

3. 巧测水池深度 / 8

【知识点】竹竿插水池问题

4. 铁索桥的长度 / 10

【知识点】铁环问题

02

“周长”“面积”巧测量

5. 小海的新自行车 / 14

【知识点】圆的周长在生活中的应用

6. 装饰墙面 / 16

【知识点】长方形周长、边长的应用

7. 裁剪三角形布料 / 19

【知识点】三角形面积的应用

8. 草地中的花坛 / 22

【知识点】分割法求面积

03

“体积”“容积”对对碰

9. 挤牙膏引发的思考 / 26

【知识点】底面直径对圆柱体积的影响

10. 电灯泡里能装多少水 / 28

【知识点】不规则容器的容积

11. 怎么取到 5 升水 / 30

【知识点】倒水问题

04

和“重量”玩个游戏

12. 哪种包装更实惠 / 34

【知识点】商品价格与重量问题

13. 都是打盹惹的祸 / 37

【知识点】天平平衡问题

14. 三人巧称体重 / 40

【知识点】磅秤称量问题

05

一起来与“时间”赛跑

15. 挂钟敲 7 下要几秒 / 44

【知识点】时间间隔问题

16. 迟到的原因 / 47

【知识点】画图法解决走时不准问题

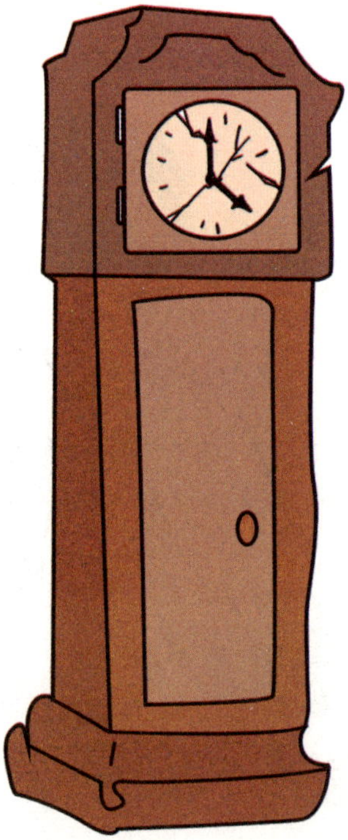

Part 1

第一部分

走进“长度”乐园

1. 聪明的快递员

晓晓的爸爸是一名快递员，他每天驾驶着货车，穿行在大街小巷，把一个个快递包裹送到人们的手中。

晓晓的爸爸所在的快递网点有十几名快递员，可论送货的速度，谁都比不上他。别人一天紧赶慢赶，也只能送 100 多个包裹，他却常常能够送完 200 个包裹。正因为这样，他多次获得“优秀员工”的称号。

晓晓十分佩服爸爸。一天，她好奇地问爸爸有什么“秘诀”。爸爸笑着回答：“因为我会寻找最短路线，这样就可以节省很多时间。”

为了帮晓晓解开疑惑，爸爸在纸上画了一张图，如下图所示，对晓晓说：“举个例子，如果我要从 A 点去 B 点送货，一共有多少条最短路线可以走呢？”

晓晓刚刚学过“两点之间，线段最短”这条公理，她拿起笔，用线段将 A、B 两点连接在一起，可爸爸却说：“现实中往往没有这么方便的直达路线，我们必须沿着那些纵横交错的街道行进，才能到达目的地。”

晓晓被难住了，你能帮她找出最短路线吗？

知识点

最短路线问题

在日常生活中，我们经常会遇到**“最短路线问题”**，像快递员送包裹、外卖员送餐，为了少走“冤枉路”，都需要选择最短路线。

以晓晓爸爸提出的问题为例，为了便于观察，我们可以将路线上的所有交点用字母标出来（如下图所示）。如果我们要从A点走到B点，无论怎么走，至少都要走过相当于长方形的长和宽的长度，也就是AD+DB的长度。

因此，在水平方向上，我们走过的所有线段的长度之和应等于AD；在竖直方向上，我们走过所有线段的长度之和应等于DB。也只有这样，才能保证这条路线是一条最短路线。为此，在行进过程中，我们就不能走“回头路”，即在水平方向上不能向左走，在竖直方向上不能向上走。

按照这样的原则，我们就能找出从A点到B点的所有最短路线了，即：

① A–C–D–G–B；② A–C–F–G–B；③ A–C–F–I–B；④ A–E–F–G–B；⑤ A–E–F–I–B；⑥ A–E–H–I–B。

延伸思考

标数法解决最短路线问题

在寻找“最短路线”时，我们该如何避免重复或遗漏的问题呢？这里介绍一种巧妙的“标数法”：我们可以先找出 A 点到相邻的 C 点或 E 点的最短路线，很显然只有 1 条，可以将 1 标注在 C 点和 E 点上；接下来计算从 A 点到与 C 点、E 点相邻的下一个点（D、F、H 三点）的最短路线，比如从 A 点到 H 点，只能经过 E 点，所以到 H 点的最短路线数量 = 到 E 点的数量 =1；同理，从 A 点到 D 点的最短路线数量也为 1。但是从 A 点到 F 点的最短路线有两条，即 A–C–F 或 A–E–F，所以在 F 点标注 2。

同理，A 点到 G 点的最短路线数有三条。仔细观察，我们会发现每一个小格右下角上标的数，正好是这个小格右上角与左下角的数之和，这个和就是从出发点 A 到这点的所有最短路线的条数。

2. 磨损的尺子

坤坤是一个淘气的男孩，他总是喜欢把文具当成玩具来玩。也因为这样，很多文具买回来没几天，就被他弄坏了。

这天，爸爸给坤坤买了一把漂亮的新尺子，还叮嘱他一定要小心使用。坤坤最初也比较爱惜，可慢慢地，他就又开始“折腾”起来，不是把尺子当成鼓槌在桌子上乱敲，就是用小刀在上面乱刻。有天下课后，他还把尺子当成“宝剑”，和后排的男生对打起来，只听“啪”的一声，尺子断成了两截。

坤坤知道爸爸肯定会责备他，所以他也不敢和家里说，就留下了带有0刻度的那节尺子，勉强用着。可糟糕的是，尺子被他磨损得比较严重，除了0刻度外，只能看清楚1、4、8、10这几个刻度（单位：厘米）。这天，老师给他们布置了需要测量长度的作业，坤坤用这把尺子能够量出几种长度呢（每次测量尺子只能量一次）？

知识点

坏尺问题

尺子是我们常用的测量工具，但要是遇到**“坏尺问题”**，也就是尺子出现了损坏，能够使用的刻度只有少数的几个时，我们该如何来测量长度呢？

这时候我们要想到两种测量方法：第一种是用尺子上的 0 刻度对准物体的左端点，像坤坤的这把尺子，如果从刻度 0 开始量，就可以量出 1 厘米、4 厘米、8 厘米、10 厘米这 4 种结果。

第二种方法是用尺子上的其他刻度分别对准物体的左端点。首先从刻度 1 开始量，可以量出 4−1=3 厘米，8−1=7 厘米，10−1=9 厘米 3 种结果；其次从刻度 4 开始量，可以量出 8−4=4 厘米，10−4=6 厘米 2 种结果（由于 4 厘米的结果已经出现过，这里可以舍去）；最后从刻度 8 开始量，可以量出 10−8=2 厘米这 1 种结果。

由此可见，坤坤用这把尺子能够量出 4+3+1+1=9 种结果，分别是 1 厘米、2 厘米、3 厘米、4 厘米、6 厘米、7 厘米、8 厘米、9 厘米、10 厘米（因为尺子只能量一次，所以就不考虑先量出一种长度，再加或减其他长度的情况了）。

延伸思考

更加复杂的"坏尺问题"

在生活中，我们还会遇到损坏情况更加严重的尺子，有时只知道尺子的总长，尺身上却没有刻度，需要我们自行添加刻度，量出尽可能多的结果，这时候又该怎么去思考呢?

小学生敏敏手中就有一把断尺，上面只有 0 和 13 两个刻度（单位：厘米），其他刻度已经完全磨损，她只添加了 1、2、6、10 四个刻度，就能测量出从 1 厘米到 13 厘米的任意整数长度（每次测量尺子只能量一次）。

这是因为从刻度 0 开始测量，可以测出 1 厘米、2 厘米、6 厘米、10 厘米、13 厘米 5 种结果；从刻度 1 开始测量，可以测出 5 厘米、9 厘米、12 厘米 3 种结果（去掉重复的 1 厘米这个结果）；从刻度 2 开始测量，可以测出 4 厘米、8 厘米、11 厘米 3 种结果；从刻度 6 开始测量，可以测出 4 厘米、7 厘米两种结果；从刻度 10 开始测量，可以测出 3 厘米这 1 种结果。可见，加上这四个刻度后，确实能够测出从 1 厘米到 13 厘米的任意一个整数厘米的长度。当然 1、2、6、10 只是其中一种刻法，你还可以试一试，看看能不能找到其他刻法。

3. 巧测水池深度

放学了，小易和豪豪走在回家的路上。天气炎热，他们经过了一个水池，看见里面的水非常清澈，池边也没有人看管，便想偷偷下水去游泳。

小易一边脱衣服一边说：“我们这么做不会有危险吧？”

豪豪一听，也有些犹豫了，他指着水池说：“也不知道里面的水到底有多深，我们说不定会溺水，还是小心一点吧。”

这时候，小易看见水池边有一根又细又长的竹竿，不禁灵机一动。他对豪豪说：“我有个办法能测水深，要是水太深了，我们就离开吧。”

说罢，小易将竹竿竖直插入水中，直到碰到了水池的底部，之后他抽出竹竿，让豪豪掏出书包里的尺子，量出竹竿没被浸湿的部分是120厘米。接下来，小易把竹竿掉了个头，又一次插入水中，直到碰到池底，这次量出没被浸湿的部分只有30厘米。小易思索了一会儿，就算出了水池的深度。你知道他是怎么算的吗？

知识点

竹竿插水池问题

在没有专业测量工具的时候，想要测量游泳池、水池、鱼塘等的深度，就可以学习并使用小易的方法：用一根竹竿来巧妙测量。

在测量的过程中，我们需要注意这样一点：当我们把竹竿插入水中，直到碰到池底时，竹竿被浸湿的长度就是水池的深度，这是解题的关键。

小易第一次将竹竿插入水池中，测出竹竿没被浸湿的部分，也就是水面以上的部分为 120 厘米，被浸湿的部分就是水池深度；第二次将竹竿倒过来插入水中，竹竿另一头也将有同样的长度（水池的深度）被浸湿，此时没被浸湿的部分只有 30 厘米，所以水池的深度为 120−30=90 厘米。

延伸思考

利用“竹竿插水问题”求竹竿长度

竹竿插水池问题，还可以反过来帮我们算出竹竿的长度。

心如和爸爸出去坐船时，想知道船上的一根竹竿的长度是多少，但她书包里只有一根 100 厘米的卷尺。于是她便将竹竿插入水底，测出被浸湿的部分是 60 厘米，然后她将竹竿掉过头插入水底，拿出后竹竿有一半还多 40 厘米的部分是干的。

心如是这样思考的，第一次竹竿被浸湿的部分就是水深为 60 厘米；第二次倒着插入水中，竹竿被浸湿的部分一共是 60 × 2=120 厘米，而这根竹竿还有一半多 40 厘米的部分没有被浸湿，所以竹竿的一半长为 120+40=160 厘米，竹竿总长为 160 × 2=320 厘米。你认为心如的计算方法正确吗？

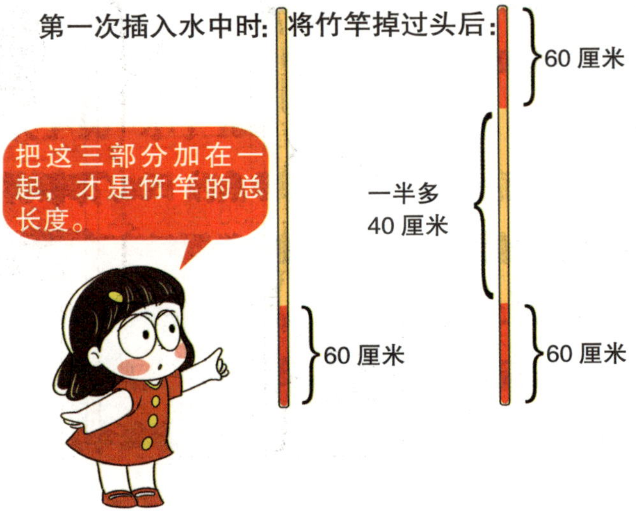

4. 铁索桥的长度

星期天，小秋和爸爸妈妈一起去风景区游玩。在那里，听说有一座铁索桥非常受游人的欢迎，小秋也准备去体验一番。

小秋怀着激动又忐忑的心情踏上了铁索桥，虽然桥一直在摇来晃去，但她努力控制身体的平衡，一步步向前挪动，最终顺利地抵达对岸。这时候，小秋忽然想到了一个问题，她问爸爸：“这座铁索桥到底有多长呢？”

爸爸也不知道答案，但他注意到铁链是由一个个铁环互相扣在一起组成的。于是爸爸拿出了随身携带的卷尺测量起来，测出每个铁环的内直径是 8 厘米，外直径是 10 厘米，并且看到景区里的介绍说铁索桥的每根铁链由 300 个铁环组成，那么，你能根据这些数字算出铁索桥的长度是多少吗？

知识点

铁环问题

想要计算铁链的长度，可不能只量一下每个铁环的“**外直径**”，再乘以铁环的数量，那样得到的答案肯定是错误的。这是因为铁环不是简单地“并”在一起，而是相互“扣”在一起，而铁环壁有一定的厚度，每加一个铁环，增加的长度是铁环的长度减去 2 个铁环的厚度。在这道题目中，由于铁环的外直径是 10 厘米，内直径是 8 厘米，那么铁环的厚度就是（10−8）÷2=1 厘米。

如果我们把 2 个铁环扣在一起，那么在计算“铁链”的长度时，要减去 2 个“铁环厚度”，即 10×2–1×2×（2–1）=18 厘米；

如果是 3 个铁环扣在一起，就等于增加 2 个铁环，要减去 4 个“铁环厚度”，即 10×3–1×4=26 厘米；

……

所以 N 个铁环扣在一起，**铁链总长度 = 外直径 ×N– 铁环厚度 ×2×（N–1）**，铁链总长度 = 外直径 ×N– 铁环厚度 ×2×（N–1），那么 300 个铁环组成的铁链总长度就是 10×300–1×2×（300–1）=2402 厘米，即 24.02 米。

延伸思考

递推法解决复杂问题

铁环问题看似复杂，但我们可以从最简单的一个铁环、两个铁环入手，然后一个一个进行推理，最终便能找到规律，这种解题方法叫“递推法”，它可以帮我们解决很多有难度的数学问题。

数学家斐波那契曾设计了这样一道有意思的题目：“要是我从 1 月开始养一对刚出生的兔子，一个月后它们就能长成大兔子，再过一个月它们就能再产下一对小兔子。以后每个月都有新的小兔子生出，而且没有兔子死亡。那么，12 月时我会拥有多少对兔子呢？”

我们在解题时就可以从 2 月开始，并把每个月的兔子数量列出来，这样就会得到一组数字 1、2、3、5、8、13……从第三个数字开始，每一个数字都是前两个数字之和，按照这个规律进行计算，到第 12 月，数学家就会拥有 144 对兔子。你算对了吗？

Part 2

第二部分

“周长”“面积”巧测量

5. 小海的新自行车

小海一直梦想着能够拥有一辆属于自己的自行车，要是能够骑着车去上学，那感觉一定很“威风”。可他苦苦哀求了爸爸妈妈好几次，他们却总是说“骑自行车上学很危险”，不肯答应他的要求。

这次期末考试，小海通过自己的努力，语、数、外三科都得了“A”，爸爸妈妈十分惊喜，决定奖励小海一辆自行车。

来到专卖店后，一家人认真地挑选起来。小海的注意力集中在自行车的款式和配色上，而爸爸妈妈则仔细对比了自行车的各项功能。

一家人讨论了半天，终于决定购买一款美观、大方、安全性能好的自行车。爸爸细心地测量了一番，得知轮胎的外直径是 70 厘米，而工作人员也告诉他们，轮胎平均每分钟的转速是 100 圈。

一听到这些数字，小海马上就在心里计算起来：“从我们家到学校的距离是 1099 米，如果我骑自行车去上学，需要的时间是……”小海的数学成绩很不错，没用几分钟就算出了答案。那么，你知道这个答案是多少吗？

知识点

圆的周长在生活中的应用

每分钟转 300 圈

在我们的身边，有着各种各样的**“圆形”**，比如自行车和汽车的轮胎就被做成了圆形，还有圆形的纽扣、硬币、救生圈、杯口、表盘、钟面等。**圆的周长**在生活中的应用也很广泛，它可以帮我们解决很多实际问题。

在这道题目中，我们可以用圆的周长知识来解决问题。由于轮胎外直径是 70 厘米，根据圆的周长公式：圆的周长 = 圆周率 ×2× 半径 = 圆周率 × 直径，可以计算出轮胎的周长为 3.14×70=219.8 厘米。

又知道轮胎每分钟转 100 圈，那么轮胎每分钟“滚”过的路程为 219.8 × 100=21980 厘米。由于小海的家和学校之间的距离为 1099 米，也就是 109900 厘米，那么小海骑自行车上学需要的时间为 109900÷21980=5 分钟。

延伸思考

自行车前后轮与“周长问题”

如果自行车的前轮、后轮周长不一样，又会发生怎样的情况呢？小学生琼

半径 20 厘米　　半径 25 厘米

琼家就有一辆这样的自行车，它的前轮半径是 20 厘米，后轮半径是 25 厘米，琼琼想知道前轮滚过 200 圈的时候，后轮滚过了多少圈。

对于这种情况，我们首先要弄清楚一点，那就是自行车的前轮向前行走多少距离，后轮也要向前行走相同的距离。而轮胎行走的距离正是轮胎的周长与转的圈数的乘积，所以轮胎的周长与转的圈数成反比。这里要注意，题目中给出的条件是轮胎的半径而不是直径，所以计算周长要用到公式：圆的周长 = 圆周率 × 2 × 半径。

因此，后轮滚过的圈数为 3.14 × 2 × 20 × 200 ÷（3.14 × 2 × 25）=160 圈。也就是说，前轮滚过 200 圈的时候，后轮要滚过 160 圈。

6. 装饰墙面

最近，小秋的叔叔准备扩建店铺，还打算重新装饰一下墙面。他特地把家人请到一起，想让大家出出主意，看看怎么装饰才能既美观又节省资金。小秋平时喜欢画画，还获得过少年绘画比赛的一等奖，所以叔叔让她也提提意见。

小秋思考了一段时间，还参考了一些图纸，画出了最初的图样。她以一面墙壁为例，先在墙上用细金属丝围出一块长 5 米、宽 4 米的长方形装饰界面，打算在里面粘贴 80 块边长为 5 分米的正方形瓷砖，并且在每两块相邻的瓷砖之间镶嵌细的反光条。

叔叔对小秋的创意很感兴趣，但担心材料价格昂贵，便去市场调查了一番，找到了一种边长为 5 分米的瓷砖，价格是 13 元 / 块，而反光条 1 米需 3 元，细金属丝 1 米需 5 元。如果叔叔花在每面墙上的预算不能超过 1500 元，那么小秋的方案是否符合他的要求呢？

知识点

长方形周长、边长的应用

在生活中，我们常常会用到与边长、周长有关的知识，就像在这道题目中，想要知道细金属丝要用多长，我们就要求出它所围成的长方形界面的周长，根据长方形的周长 =（长 + 宽）×2，可得到细金属丝的总长度是（5+4）×2=18 米，花费金额为 5×18=90 元。

接下来，我们要计算反光条的用量，而这需要先算出长方形界面的

长边、宽边对应的小正方形瓷砖的块数，因为题目中给出的瓷砖边长是 5 分米，所以要先换算成 0.5 米，那么长方形界面的长边需要正方形瓷砖 5÷0.5=10 块，宽边需要正方形瓷砖 4÷0.5=8 块，即一共需要 80 块瓷砖，花费金额为 13×80=1040 元。

反光条位于相邻的两个小正方形之间，长方形界面的长边需要 8−1=7 条长度为 5 米的反光条，宽边需要 10−1=9 条长度为 4 米的反光条，因此，需要的反光条总长为 7×5+9×4=71 米，共花费金额 3×71=213 元。

所以，可以计算出装饰要花的总金额为 90+1040+213=1343 元，低于 1500 元，所以小秋的方案是符合要求的。

延伸思考

巧妙解决周长问题

在用长方形的周长知识解决实际问题的时候，我们可能会遇到“不完整周长”的情况，这时候就要灵活运用边长和周长的知识来解答题目。

比如小学生飞宇从长方形操场的一个端点 A 出发，经过端点 B、端点 C，最后来到端点 D，一共走了 200 米；而他的同学悠悠从端点 B 出发，经过端点 C、端点 D，最后来到端点 A，一共走了 160 米，那么这个操场的周长是多少呢？这时候我们会发现飞宇走过的路程是两个长方形的长 + 一个长方形的宽，而悠悠走过的是一个长方形的长 +2 个长方形的宽，所以他俩走过的路程之和是 3 倍的（长 + 宽），而长方形周长是 2 倍的（长 + 宽），所以这个操场的周长是（200+160）÷ 3 × 2=240 米。

7. 裁剪三角形布料

静静是个心灵手巧的女孩，平时特别喜欢动手制作可爱的生活用品。这天，静静在网上看到了一个独特的坐垫图案，顿时被吸引住了。只见坐垫套的中心部分是用直角三角形布料一块一块拼成的，显得非常精致。

静静心想，我还没有做过拼布手工，要不，今天就来尝试一番吧！她立刻行动起来，先是拿出了常用的剪刀、针线、尺子等工具，又去问妈妈要废旧布料。妈妈对静静的爱好也很支持，很快就给她找来了一条不戴的围巾。静静用尺子量了一下，发现围巾的长度是 160 厘米，宽度是 40 厘米。

接下来，静静就

要开始裁剪围巾了，按照她设计的方案，这条围巾将被裁剪成若干块等腰直角三角形布料，再拼成漂亮的图样。如果每个三角形的两条直角边长都是 40 厘米，静静能够裁出多少块直角三角形布料呢？

知识点

三角形面积的应用

想要知道能够裁出多少块三角形布料，我们只要算出整条围巾的面积，再算出一块三角形布料的面积，就能得到答案。

由于围巾是长方形的，根据长方形的面积公式，长方形面积 = 长 × 宽，可以算出围巾的面积是 160 × 40=6400 平方厘米。再根据三角形的面积公式，三角形面积 =（底 × 高）÷2，可以算出静静裁剪出的等腰直角三角形的面积是（40 × 40）÷ 2=800 平方厘米。由于 6400 ÷ 800=8 块，所以这条围巾能够被裁出 8 块等腰直角三角形布料。

除了上面这种方法以外，我们还可以这样去思考：因为围巾的宽和三角形布料的两条直角边的长度相等，所以可以把围巾叠成边长是 40 厘米的正方形，而围巾的长是 160 厘米，160 ÷ 40=4，所以可以叠出 4 个符合条件的正方形，而这 4 个正方形每个都可以裁剪成两个直角边长为 40 厘米的等腰直角三角形，因此这条围巾能够裁出的三角形布料有 4×2=8 块。

延伸思考

计算三角形面积的要点

在计算三角形面积的时候，我们有时只记住了“底 × 高”，却忘记了要“÷ 2”，之所以会出现这样的错误，是因为我们混淆了三角形面积和平行四边形面积的计算公式。事实上，平行四边形的面积才等于底 × 高，而一个平行四边形是由两个全等的三角形组成的，所以一个三角形的面积就是(底 × 高) ÷ 2。那要是知道了三角形的面积是多少，我们也可以利用这个公式去求三角形的底或高。

比如牛牛的爷爷准备开辟一个三角形的小菜园，预设菜园的面积是 36 平方米，其中一条边是 9 米，那么这条边对应的高是多少呢？一开始，牛牛想用 36 ÷ 9 来计算，但幸好他及时发现了自己的错误，将算式改为 36 × 2 ÷ 9，算出三角形菜园的高是 8 米。你认为这个结果正确吗？

8. 草地中的花坛

暑假期间，某小学准备进行校园翻新，除了粉刷教学楼、拓宽体育场外，学校还决定新建一个花坛，给学生的课余生活带来美的享受。

在设计花坛的时候，校方充分征求了同学们的意见，大家通过网络投票，选中了如下图所示的设计方案。

这个方案来自六（3）班的同学。他们对比了各种形状后，决定将花坛设计成“大正方形套小正方形”的样式——大正方形由草坪构成，小正方形由花坛构成，且花坛就位于草坪的中心。六（3）班的同学都认为这个方案既美观又大方，而且修建的难度不高，在开学前就能建成。

在方案最终确定后，班长雨桐把设计稿发到了班主任李老师的邮箱里。李老师在核对方案时，看到雨桐在上面标注了几个数据，比如草坪的宽是 2 米，草坪的面积是 96 平方米，但粗心的雨桐却漏掉了两个关键数据，那就是花坛的边长和面积。那么，你能帮李老师算一算花坛的边长和面积各是多少吗？

知识点

分割法求面积

题目中虽然给出了草坪的面积，但看图可知草坪是一个**不规则图形**，那我们怎么利用有限的数据求出花坛的边长呢？

这里介绍一种简单有效的求面积的办法，就是“**分割法**”，也就是把一个不规则的组合图形分割成几个简单的规则图形，然后分别算出每个小图形的面积，最后求出它们的面积之和。

像这道题目就可以按照右图所示的办法去分割，这样在水池的四角就各有一个边长为 2 米的小正方形，根据正方形的面积公式，求出小正方形的面积为 2×2=4 平方米，再用草坪的面积减去四个小正方形的面积，得到的是四个相同的长方形的面积和，即 96−4×4=80 平方米，那么一个长方形的面积是 80÷4=20 平方米。由于长方形的宽为 2 米，可以算出宽为 20÷2=10 米，而且长方形的长恰好等于正方形花坛的边长，所以正方形花坛边长为 10 米，面积为 10×10=100 平方米。

延伸思考

“分割法”在生活中的应用

学会了“分割法”，再利用已经学到的长方形、正方形等图形的面积公式，我们就能解决在生活中遇到的不少难题。

小学生明明家的客厅是一个不规则图形（如下左图所示），如果要给客厅铺地砖，就得先算出客厅的面积到底是多大。明明是这样算的，他把这个图形分割成左右两部分，左边的部分标上序号①，很显然，图①是一个长方形，面积为 6 × 4=24 平方米，而右边的部分标上序号②，它的一条边是 3 米，另一条边为 7−4=3 米，可见图②是一个正方形，面积为 3 × 3=9 平方米。因此，明明家的客厅面积为 24+9=33 平方米。

在解题的过程中，明明还发现了一种同样简单的解法，那就是把不规则图形“缺失”的那块补齐（如右图右边小图所示），于是这个不规则图形就变成了一个大长方形，面积为 7 × 6=42 平方米。通过计算，多出来的图形边长分别为 7−4=3 米和 6−3=3 米，是一个正方形，面积为 9 平方米。两者相减，得到的客厅面积也是 42−9=33 平方米。小朋友，你还有其他解题的办法吗？

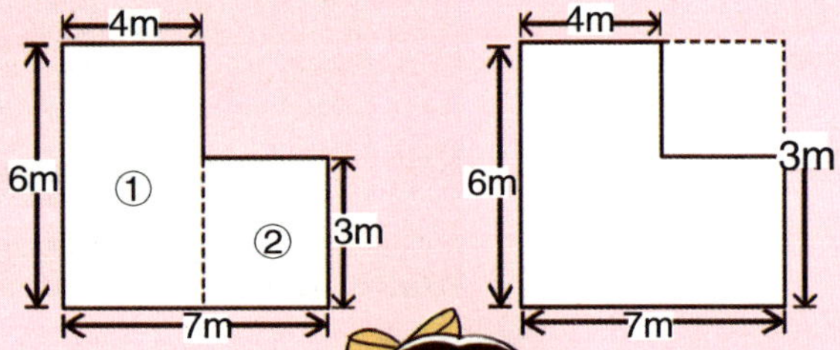

Part 3

第三部分

“体积”“容积”对对碰

9. 挤牙膏引发的思考

由于平时不注意保护牙齿，也没有养成按时刷牙的好习惯，最近欢欢总是觉得牙痛难忍。妈妈特地给她买来了防蛀牙膏，希望能对她的牙齿起到保护作用。欢欢很喜欢这支牙膏，还特别用尺子量了一下，发现牙膏出口处的直径是 5 毫米，而她每次刷牙都会挤出 1 厘米长的牙膏，经过了 18 天，她才用完了这支牙膏。

随后，妈妈又去超市买回了一支新牙膏，欢欢拿到后却发现牙膏的包装有所改变，出口处的直径比之前多了 1 毫米。如果欢欢还是按照平时的用量挤牙膏，这支新牙膏能用几天呢？

知识点

底面直径对圆柱体积的影响

如果我们仔细观察一下挤出的牙膏，就会发现膏体是**圆柱形**的。这个“圆柱”的底面积就是牙膏管口开口的面积，而欢欢每次挤出 1 厘米（10 毫米）长的牙膏，就相当于圆柱的高是 1 厘米（10 毫米）。按照圆柱的体积公式 $V=Sh=\pi r^2 h$，S 是圆柱的底面积，h 是圆柱的高，r 是圆柱底面的半径，我们可以计算出欢欢每次刷牙所用牙膏的体积为 $\pi \times (5\div2)^2\times$

10=62.5π 立方毫米（为了简化计算，此处不必引入具体的 π 的数值），又因为牙膏能用 18 天，而每天要用 2 次，所以一支牙膏的总体积为 62.5π × 18 × 2=2250π 立方毫米。

妈妈买回的新牙膏开口直径变大，每次挤出的牙膏体积也会发生变化，即 $\pi\times(6\div2)^2\times10=90\pi$ 立方毫米。那么新牙膏能够使用的天数为总体积 ÷ 每天用量，即 2250π ÷（90π ×2）=12.5 天。

延伸思考

产品“缩水”的原因

前面的故事中，牙膏的开口直径虽然只增加了 1 毫米，但消费者已经习惯每天挤出同样长度的牙膏，这就会让每次使用牙膏的体积增加，一支牙膏的消耗速度便会加快，原本可以使用 18 天的牙膏仅用了 12.5 天就用完了，消费者不得不再次购买。当这种情况发生在成千上万名消费者身上的时候，牙膏生产企业就会销量大增，哪怕他们不提高牙膏的单价，也能够获得非常可观的利润。

10. 电灯泡里能装多少水

这天，小君家里台灯的灯泡坏了，爸爸把灯泡拆下来，换成了新的。爸爸正准备把旧灯泡扔进垃圾桶，小君却赶紧抢了过来，说自己要在里面放上水做个迷你鱼缸。

爸爸听完称赞他有创意，不过爸爸给他提了一个问题：“你知道这个灯泡里能装多少水吗？”

这可把小君难住了。他仔细观察灯泡，发现它是“梨形”的，这种形状的容器该怎么求容积呢？他拿出了卷尺在灯泡上量来量去，还画下了一些草图，在上面记上尺寸，又列了不少算式，可就是算不出结果。

小朋友，你有什么好办法来帮助小君计算出这个灯泡的容积吗？

知识点

不规则容器的容积

在现实生活中，很多容器的形状并不规则，像上面提到的灯泡就是其中之一，想要计算它的容积，没有现成的公式可以套用。

那该怎么办呢？有一个特别简单的办法，就是将灯泡内灌满水，再将水倒入量筒或量杯中，根据量筒或量杯上的刻度，我们马上就能得到灯泡容积的准确数据。用这种方法来计算灯泡的容积，可谓“不费吹灰之力”。

延伸思考

将计算容积转化为计算重量

如果我们一时之间找不到量杯、量筒，又该如何测量不规则容器的容积呢？这里我们介绍一种有意思的办法，就是把计算容积的问题巧妙地转化为计算重量的问题。

比如小学生冬冬家里有一个形状很奇特的艺术花瓶，冬冬想知道花瓶的容积是多少，便采用了称重的办法：先将空花瓶放在电子秤上，称出重量是 2 千克；之后，他将花瓶灌满水，又一次放在电子秤上，称出花瓶和水的总重量是 3.6 千克。那么花瓶中的水的重量就是 3.6-2=1.6 千克。冬冬知道 1 升水重 1 千克，且体积为 1 立方分米，所以花瓶中水的体积是 1.6 升，也就是 1.6 立方分米，而这就是花瓶的容积。

11. 怎么取到 5 升水

星期天，某小学五（6）班的同学在班主任秦老师的带领下，到郊外进行野炊活动。来到目的地后，秦老师将同学们分成几组。

数学课代表晓雪和几个同学的任务是取水，秦老师想要考考他们，

就故意给他们出了个难题。秦老师拿出了两个水桶，对晓雪说：“这两个水桶大的容积是 11 升，小的容积是 4 升，你们小组能用这两个桶取来 5 升的水吗？”

有个性格急躁的同学一听完就嚷了起来：“老师，我们手头又没有测量工具，这桶上也没有刻度，怎么可能取来 5 升的水呢？”

可秦老师却说：“你们再好好想想，肯定有办法的。”最后还是晓雪开动脑筋成功取到了 5 升水，他们小组也得到了秦老师的奖励。那么，你知道晓雪是怎么做的吗？

知识点

倒水问题

如果我们只有有限的几个容器，如何通过巧妙的“倒法”得到所需

体积的水呢？这就是“**倒水问题**”，它虽然让大家倍感困扰，但要是掌握了窍门，我们就能像晓雪一样，轻松地完成任务了。

比如在这个问题中，晓雪采用了“**拆分组合**”的思路：将5升水拆分为1升水+4升水，而她已经拥有一个能装4升水的小水桶，所以只要想办法在大水桶里装1升水，再装满小水桶，倒入大水桶，问题就解决了。

可1升水又该如何装呢？晓雪想到3个4升水–1升水恰好是11升水，也就是大水桶的容积。所以晓雪会这样倒水：①将水装满小水桶，倒入大水桶，此时大水桶中有4升水；②将水装满小水桶，倒入大水桶，此时大水桶中有8升水；③将水装满小水桶，倒入大水桶并将大水桶装满，此时小水桶中正好剩下1升水；④倒空大水桶，将小水桶中的1升水倒入大水桶，再将水装满小水桶，倒入大水桶，此时大水桶中就有1+4=5升水。

延伸思考

更加复杂的“倒水问题”

通过上面的训练，我们已经掌握了倒水问题的基本思路，即便遇到了更加复杂的情况，只要适当“拆分组合”，就能破解难题。

比如秦老师又给另一组同学出了一道“倒水问题”：有一个容积为 8 升的大水桶装满了水，还有一个容积是 5 升的空的中水桶，一个容积是 3 升的空的小水桶，秦老师要求同学们用这三个水桶把 8 升水均分为 2 份（假设倒水过程中不损失水）。

同学们按照以下步骤去倒水：

①将大桶中的水倒入中桶，倒满后中桶有 5 升水，大桶有 3 升水；②将中桶中的水倒入小桶，倒满后小桶有 3 升水，中桶有 2 升水；③将小桶中的水全部倒回大桶，大桶中就有 3+3=6 升水；④将中桶里的 2 升水倒入小桶中，此时中桶中没有水，小桶中有 2 升水；⑤将大桶中的水倒入中桶，倒满后中桶有 5 升水，大桶中有 6−5=1 升水；⑥将中桶中的水倒入小桶，倒满后小桶有 3 升水，中桶有 5−1=4 升水；⑦将小桶里的 3 升水倒入大桶，大桶中也有 3+1=4 升水，这样就能把 8 升水均分为 2 份了。

当然，你也可以试一试有没有其他的倒水办法，不过要注意步骤越少越好。

Part 4

第四部分

和“重量”玩个游戏

12. 哪种包装更实惠

星期六的下午，东东和妈妈一起去超市购物。因为家里的洗衣粉用完了，所以他们一进超市，就径直来到了洗衣粉专柜。

这天超市正在举办促销活动，他家经常使用的一种洗衣粉也在促销之列，其中小袋重量 0.5 千克，售价 6.1 元；中袋重量 1 千克，售价 9.9 元；大袋重量 2 千克，售价 18.9 元。东东和妈妈看来看去，不知道该买哪种好。

这时候，东东忽然想到了在数学课上学到的知识，便在心里默默地计算起来，算完发现大包装比小包装实惠多了。他赶紧对妈妈说："我们还是买大袋吧。"妈妈觉得很奇怪，问他原因，他把自己计算的过程告诉了妈妈，还解释道："买大袋的洗衣粉不但实惠，还能用很长时间；要是买小袋的，没过多久就用完了，又要接着买，而且每次买小袋都要多损失一些钱，太不合算了。"

听完东东的一番话后，妈妈朝他竖起了大拇指，夸奖他会动脑筋。那么，你知道东东是怎么通过计算确定大袋洗衣粉是最实惠的吗？

知识点

商品价格与重量问题

在超市购物时，我们常常会看到同种商品有重量不同的包装，想要知道哪一种包装最实惠，我们可以做一些简单的换算，将不同的重量"换"成同样的重量，再去比较价格。

像东东遇到的洗衣粉包装问题，就可以用这样的办法去解决。由于小袋 0.5 千克售价 6.1 元，按照这个价格，1 千克售价应为 6.1 × 2=12.2 元，2 千克售价应为 6.1 × 4=24.4 元。但 1 千克和 2 千克的实际价格却是 9.9 元和 18.9 元，低于换算的结果，所以小袋没有中袋和大袋实惠。

再来看看中袋，由于中袋 1 千克售价 9.9 元，那么 2 千克售价应为 9.9 × 2=19.8 元，但实际价格却是 18.9 元，低于换算的结果，所以中袋没有大袋实惠，因此东东和妈妈应当选择大袋洗衣粉。

延伸思考

比较“单位重量的价格”

除了上面的这种方法外，我们还可以比较一下商品单位重量的价格，比如小袋 0.5 千克洗衣粉售价 6.1 元，那么单位重量的价格就是 6.1 ÷ 0.5=12.2 元 / 千克，而中袋 1 千克售价 9.9 元，单位重量的价格是 9.9 ÷ 1=9.9 元 / 千克；大袋 2 千克售价 18.9 元，单位重量的价格是 18.9 ÷ 2=9.45 元 / 千克，由于 9.45 ＜ 9.9 ＜ 12.2，可见大袋洗衣粉是最实惠的。

掌握了这两种方法后，我们在购物的时候就可以去比一比，算一算，好让自己找到最实惠的商品。比如买完洗衣粉后，东东又去买巧克力，看到有一种 3 粒装的巧克力售价为 8.5 元，每粒巧克力价格是 8.5 ÷ 3 ≈ 2.83 元；还有一种 5 粒装的售价为 18.2 元，每粒巧克力价格是 18.2 ÷ 5=3.64 元，由于 2.83 ＜ 3.64，所以东东应当选择 3 粒装的巧克力。

13. 都是打盹惹的祸

放暑假了，小姜到伯伯开的餐具厂帮忙。伯伯给小姜安排的任务非常简单，让他坐在生产线旁，把上游传送过来的餐叉包装好，再装进餐具套装盒里。

小姜本以为这点小事难不住自己，可才过了五分钟，他就对一遍又一遍的重复动作产生了厌倦感，还不由自主地打了个哈欠……

过了一会儿，生产线终于停止了运转。小姜松了口气，正准备休息，却发现面前多出了一把餐叉，“糟糕，肯定是刚才打盹的时候漏放了一把”，小姜沮丧地想。

他后悔极了，红着脸向伯伯道歉，说自己准备把50盒餐具的包装全部拆开，找出漏装餐叉的“次品”。伯伯却摇摇头说：“那多麻烦啊，你试试用天平找次品。”

“对啊，我怎么忘了这个办法！”小姜高兴极了，连忙用天平称起了套装盒。你猜，他最少称几次能找到次品呢？

知识点

天平平衡问题

在一堆外表相同的物品中，如果想要找出重量偏轻或偏重的那一个，

我们可以用天平来帮忙，这里用到的就是天平的**“平衡原理”**（当两端重量相等时，天平平衡；重量不等时，天平重的一端会下沉）。

因为小姜打盹少放了餐叉，导致次品偏轻。所以先把50只盒子分成3份，分别是① 16个；② 17个；③ 17个。再依次称量。

第一次称量时，把②和③分别放到天平两边，如果天平平衡，那么次品就在①中；如果不平衡，次品就在②和③中偏轻的那份里。

第二次称量时，将②和③中偏轻的那份再分成3份，然后按同样的办法称量。像这样逐渐缩小次品的范围，到第四次称量时，小姜就能够找到偏轻的那个次品了。

延伸思考

使用天平找次品的规律

如果知道次品是偏轻还是偏重，想要用最短的时间找到它，我们不能用笨办法两个两个去称量，因为那样虽然也能达到目的，但是会浪费不少时间。

为了提高效率，可以像小姜这样把所有物体尽可能均分成 3 份，如果总的数量不能被 3 整除，多出一个就放到最后一份里，多出 2 个就分别放到后面的两份里，这叫天平的“三分法”，能把是次品的可能性缩小到$\frac{1}{3}$。

我们还可以来总结规律，看看“三分法”能帮我们节省多少步骤：

物品个数（单位：个）	称量次数（单位：次）
2~3	1
4~9	2
10~27	3
28~81	4
82~243	5
244~729	6
…	…

在表格中，9 是 3 的平方、27 是 3 的立方、81 是 3 的 4 次方、243 是 3 的 5 次方……次方数恰好和称量的次数相等。所以遇到这类问题时，我们只要看看物品数量位于表格中的哪个区间，就能推出称量的次数，这是不是很方便呢？

14. 三人巧称体重

明明、彬彬和小西是很要好的朋友，他们平时经常在一起玩耍。星期天，他们按约定去踢足球，可刚走到巷口，就看到一位白发苍苍的老大爷正在一家小店门口搬运蔬菜。

明明认识这位大爷，连忙上去打了个招呼，又喊上两个小伙伴一起帮忙，很快就把蔬菜都搬进了小店里。

离开的时候，他们发现店里放着一个磅秤，就打算称称自己的体重。明明率先站上去，却发现秤钩处只有一个 50 千克的秤砣，而他们中任何一个人的体重都不够 50 千克，没有办法直接称重。

这可怎么办呢？他们三人冥思苦想起来，最后还是彬彬想到了一条“妙计”——两个人一组，就能称出重量了。于是他们轮流组合上秤，明明和彬彬一起称是 60 千克；明明和小西一起称是 65 千克；彬彬和小西一起称是 63 千克。那么，你知道他们三人的体重各是多少了吗？

知识点

磅秤称量问题

在生活中，我们常常会见到这种**老式磅秤**，它的底座上有能够承重的金属板，可以用来称较重的物体。在使用的时候要将物体放在金属板上，再在秤钩上挂上相应的**秤砣**，然后左右拨动秤尺上的**游砣**，使秤尺呈平衡状态；最后将秤尺左边的数字（单位：千克）和秤砣的数字（单位：千克）加在一起，就得到了称重物体的重量。

由于故事中提到仅有一个 50 千克的大秤砣，无法称量过轻的物体，所以明明等人采用了两人一组称量的办法，这样他们三人每人称了两次体重，所以三人的体重之和应当为（60+65+63）÷2=94 千克。而明明体重的 2 倍 + 彬彬体重 + 小西体重 =60+65=125 千克，所以明明的体重为 125−94=31 千克，用同样的方法可以算出彬彬的体重为 60+63−94=29 千克，小西的体重为 65+63−94=34 千克。

延伸思考

多人分组称体重的计算方法

在前面的故事中，要称体重的只有三个人，两两分组称三次就能算出各自的体重。可在实际生活中，我们面对的情况往往更加复杂。

比如某学校在一次体检中给五位同学称体重，每两人合称一次，一共称了10次，即每人称了四次，得到的体重结果是85千克、82千克、84千克、91千克、88千克、90千克、80千克、87千克、83千克、86千克，因此五人体重之和为（85+82+84+91+88+90+80+87+83+86）÷4=214千克。其中体重最轻的两人体重之和为80千克，最重的两人体重之和为91千克，所以体重位于中间位置的人的体重为214−80−91=43千克。

又因为最轻的两人体重之和为80千克，最轻和中间位置的人体重之和为82千克，所以最轻的人体重为82−43=39千克，次轻的人体重为80−39=41千克。同理，最重的人体重为90−43=47千克，次重的人体重为91−47=44千克，因此五人的体重分别是39千克、41千克、43千克、44千克和47千克。你算对了吗？

Part 5

第五部分

一起来与“时间”赛跑

15. 挂钟敲 7 下要几秒

莹莹的爸爸很喜欢收藏有年代感的老物件。有一天，爸爸从旧货市场买回了一架老式挂钟，它的外壳是赭红色的，上面还带着别致的花纹；它的表盘原本是白色的，但经过漫长的岁月，如今已经有些发黄。虽然老了，可它走时仍然很准，每到整点的时候，它就会发出浑厚有力的“当当”声，是几点就会敲几下。

第一次听见挂钟报时时，莹莹还被吓了一跳。不过，她很快就喜欢上了这个独特的声音，每次快到整点时，她就会站在挂钟旁，带着期待去倾听那声响。挂钟也没有让她失望，每次都会准点报时，从来都没有少敲过一下。

这天，莹莹想到了一个新玩法：下午 2 点的时候，她用手机上的秒表测了一下，发现钟敲两下只用 2 秒，那么到晚上 7 点的时候，钟敲 7 下要用多少秒呢？

知识点

时间间隔问题

看到这个问题，有人可能会想，挂钟敲2下用2秒，那么每敲1下就要用1秒，所以敲7下自然要用7秒，可事实真是这样吗？当然不是了。

我们应当想到2秒这个时间是从第一下敲响后开始算起的，也就是说，从敲第一下到敲第二下的这段间隔所用的时间是2秒，而不是每敲一下钟用时1秒。

那么，7点挂钟敲7下，所用的时间又会是多少呢？我们也要从第一下敲响后开始算起，**间隔数**应当是7−1=6，而每段间隔用时2秒，那么6段间隔的总用时是2×6=12秒，这才是钟敲7下要用的时间。

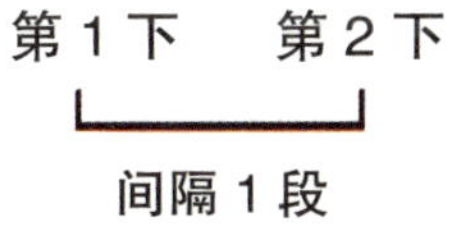

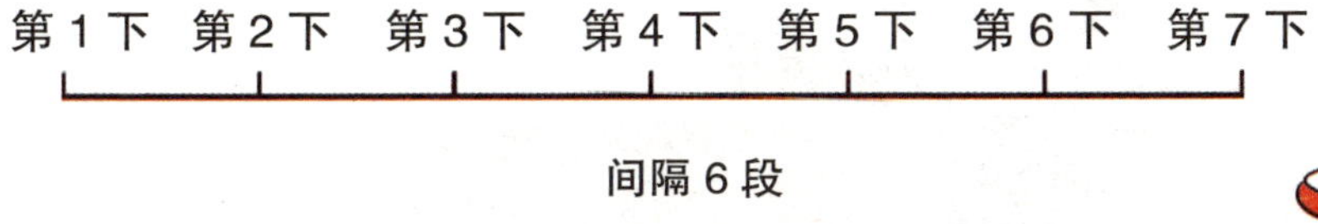

延伸思考

敲钟里的“植树问题”

看到“间隔”这个词，我们就会联想到“植树问题”。如果在不封闭的路线上植树，要求两端都植树，那么树的“棵数”就会比“间隔数”多1，这和敲钟间隔问题有相似之处，敲钟次数相当于树的棵数，它总是比间隔数多1，所以间隔数 = 敲钟次数 -1，利用这一点，就能够轻松解决敲钟间隔问题了。

比如有架挂钟几点就敲几下，9 点敲了 9 下，用了 16 秒敲完，那么这架挂钟到了 12 点，将用时几秒敲完呢？敲 9 下的时候，我们可以求出间隔数为 9−1=8，每敲 1 下用时 16 ÷ 8=2 秒，到 12 点时敲 12 下，间隔数就是 12−1=11，那么总用时为 2 × 11=22 秒。

“植树问题”在现实中的应用非常广泛，比如“锯木头问题”就相当于两端不种树的情况，那么棵数 = 间隔数 -1，也就是说锯木头的次数比间隔数少 1。如果一根木头锯成 5 段要用 8 分钟，则锯木头的次数为 5−1=4，每锯一次所用时间为 8 ÷ 4=2 分钟，那么将木头锯成 10 段，锯木头的次数就是 10−1=9，共用时间为 2 × 9=18 分钟。

16. 迟到的原因

星期五放学时，小敏和同学约好周六上午九点半去水族馆玩。可是当她第二天早上醒来，发现家里的闹钟电池电量耗尽，已经停止了运转。爸爸妈妈又都不在家，没有人能告诉她时间，所以她只好给闹钟换上新电池，把时间调到 8：20（这个时间显然是不准确的）。

随后，小敏就匆匆忙忙地出发了。经过地铁站时，她看到墙上电子屏幕的正确时间是 10：00，不禁非常着急，因为这早已超过了约定时间。好在她到达水族馆时，同学并没有埋怨她，还和她一起愉快地玩耍起来。

等她告别了同学，原路返回，又一次经过地铁站时，看到电子屏幕显示的时间是下午 13：00。之后，她尽量用同样的速度往家赶，到家发现闹钟显示的时间是下午 14：20，她想了想，就把闹钟调到了正确的时间。

那么，你知道小敏是如何校准闹钟的吗？

知识点

画图法解决走时不准问题

对于钟表的“**走时不准**”**问题**，我们首先要抓住“不变量”——钟表虽然指示时间不准，但走过的时间和正常的钟表是一样的，所以只要想办法求出“指示时间”和“正确时间”之间的误差，就知道该如何调表了。

为了让思考的过程变得更加清晰，这里介绍一种“**画图法**”，它可以让计算过程一目了然：

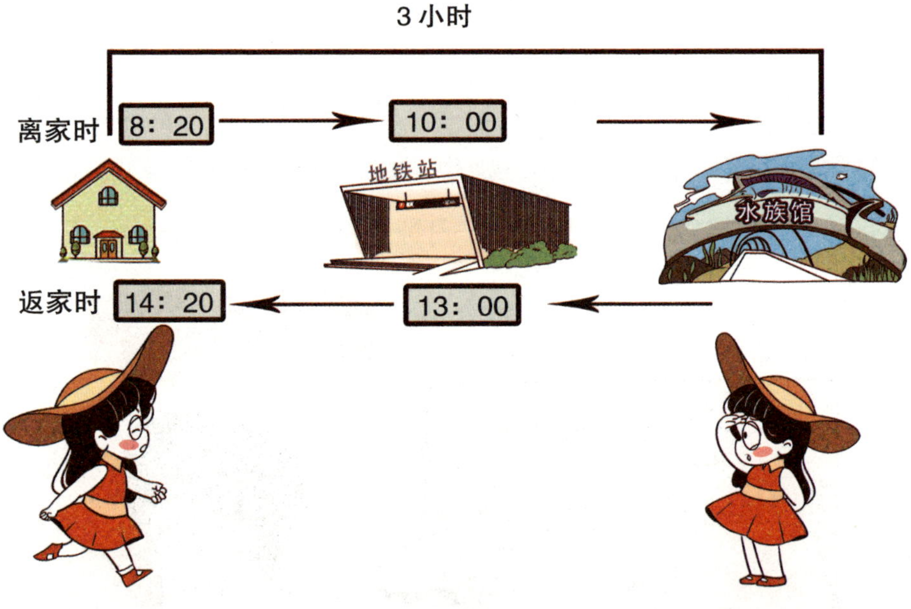

（1）小敏从家到水族馆的往返总时间为 14：20–8：20=6 小时，那么单程时间（走一趟的时间）就是 3 小时。

（2）小敏两次经过地铁站的时间为 10：00 和 13：00，也就是说从地铁站到水族馆的这段路程的往返总时间为 13：00–10：00=3 小时，所以单程时间为 1.5 小时。

（3）3–1.5=1.5，可见小敏从家到地铁站的单程时间也是 1.5 小时。

又因为第一次经过地铁站的时间为 10：00，所以小敏出门的正确时间为 10：00–1.5 小时 =8：30，而回家的正确时间为 8：30+6 小时 =14：30，和指示时间 14：20 的误差是 10 分钟，所以小敏只要将闹钟拨快 10 分钟即可。

延伸思考

有趣的坏钟问题

在生活中，我们还会遇到“坏钟问题”，就是钟表因为各种原因出现故障，每小时比正常的钟表走得快一些或慢一些，这时候又该如何知道正确的时间呢？

我们可以用行程问题的思路来解题。经过相同的时间，坏钟的指针在钟面上扫过的“行程”和正常钟不同，这就相当于二者速度不同，因此我们可以把题目转化成速度的比例问题来求解。

比如一只坏钟每小时慢 4 分钟，也就是正常钟走 1 小时，坏钟走 56 分钟，不管过去多长时间，

这个比例是不会变的。如果早上 6 点校准坏钟，晚上坏钟显示为 20 点，那么它走过的时间为 14 个小时。由于$\frac{\text{正常钟走过的时间}}{\text{坏钟走过的时间（14 个小时）}}=\frac{60}{56}$，我们可以知道正常钟走过的时间就是 14 ×（60∶56）=15 小时，所以正确的时间是 6∶00+15 小时 =21∶00。

太有意思了！生活中的数学

日常故事 | 萌趣漫画 | 数学原理 | 拓展阅读

带着孩子玩转数学 · 让孩子爱上数学

彩虹糖童书馆
Rainbow Candy Kids' Book House

全案策划：杨丽丽
责任编辑：张世昌
执行编辑：秦锦霞
封面设计：装幀設計 Mobile:13693001197

上架建议：少儿科普
ISBN 978-7-5165-3398-7
9 787516 533987 >
定价：150.00元（全6册）

每个孩子都需要的趣味数学科普

太有意思了！生活中的数学

4 统计篇

高盈恺◎编著

激发兴趣 | 活学活用

航空工业出版社

太有意思了！

生活中的数学

统计篇

高盈恺◎编著

航空工业出版社

北京

内容提要

本书是一套专门为小学生定制的趣味数学读物，从家庭、校园和社会生活出发，让孩子体会到生活中处处有数学。全书共6册，分为运算篇、逻辑篇、测量篇、统计篇、应用篇、图形篇，结合生活实际，以故事的形式，将数学知识融入日常生活，再辅助趣味讲解，把枯燥的知识生活化、趣味化，从而打破孩子认为数学“枯燥、乏味”的刻板印象，培养学习兴趣、锻炼逻辑思维，让孩子轻松爱上数学。

图书在版编目（CIP）数据

太有意思了！生活中的数学．统计篇 / 高盈恺编著．-- 北京 ：航空工业出版社，2023.8

ISBN 978-7-5165-3398-7

Ⅰ．①太… Ⅱ．①高… Ⅲ．①数学－青少年读物 Ⅳ．①01-49

中国国家版本馆CIP数据核字（2023）第117517号

太有意思了！生活中的数学・统计篇

Tai Youyisi le!Shenghuozhong de Shuxue.Tongji Pian

航空工业出版社出版发行

（北京市朝阳区京顺路5号曙光大厦C座四层　100028）

发行部电话：010-85672688　010-85672689

三河市越阳印务有限公司印刷　　全国各地新华书店经售

2023年8月第1版　　2023年8月第1次印刷

开本：787×1092　1/16　　字数：50千字

印张：3.5　　定价：150.00元（全6册）

Preface

前言

对于很多孩子来说，数学意味着一条条难记的公式、一堆堆理不清的数字、一个个让人脑仁都疼的抽象思维和逻辑。可事实上，只要改变认知的方法，学习数学也可以很有意思。

在我们的日常生活中，小到烙几块饼、种一棵树、调一次闹钟，大到外出旅行、投资理财、安排工程……无不渗透着数学逻辑思维。

车轮为什么是圆形的？饮料瓶为什么是圆柱形的？小蜜蜂为什么要把自己的家做成正六边形……生活中各种各样或简单、或复杂的图形也和数学有着千丝万缕的关系。

在每学期考试后，老师需要运用统计学知识来计算班级学生成绩的平均分、及格率；当零食不够的时候，孩子们会用抽签的方式来分配，总有“倒霉蛋”在“概率”的作用下分不到零食……“统计”“概率”“图表”这些抽象的概念，一旦运用到生活中，是不是也没那么难了？

数学从来都不是冷冰冰的公式和定理，也绝非拒人于千里之外的证明和推导。我们身边许多地方都有数学的身影，而它的魅力就在于能帮助我们解决许多实际生活中的难题。

这套书不是板着面孔讲数学，而是将生活中经常遇到的问题故事化，然后归纳总结为一个个的数学问题，并通过生动活泼的文字、幽默诙谐的漫画及贴近生活的例子，带领孩子们边玩边分析、边解答。

相信孩子们看完这套书，一定能慢慢地消除对数学“枯燥、乏味”的刻板印象，培养学习乐趣和逻辑思维能力，从而轻松地爱上数学，成为学习和生活中的数学小能手。

Contents

目录

01

数据的游戏

1. 五年级男生的身高统计 / 2

【知识点】认识“总体”和“样本”

2. “人口普查”到底在查什么 / 5

【知识点】了解“普查”

3. 统计游客的年龄 / 7

【知识点】中位数

4. 巧算班级平均分 / 10

【知识点】平均数

5. 游泳遇险的故事 / 13

【知识点】平均数有时会“骗人”

6. 小哥俩做梯子 / 16

【知识点】了解“等差数列”

02

用图表来帮忙

7. 丰富多彩的暑假生活 / 20

【知识点】条形统计图

8. 一张图了解气温变化 / 23

【知识点】折线统计图

9. 兴趣小组人数统计表 / 26

【知识点】单式统计表

10. 男女生课外阅读大比拼 / 29

【知识点】复式统计表

11. 让人烦恼的近视率 / 32

【知识点】百分数统计表

03

神秘的概率

12. 正，正，正！下一次会是什么 / 36

【知识点】什么是概率

13. 太阳一定从东方升起 / 39

【知识点】必然事件

14. 明天会是什么天气 / 42

【知识点】随机事件

15. 20 道选择题全做错 / 44

【知识点】小概率事件

16. 先抽签会不会比较“占便宜” / 47

【知识点】抽签原理

Part 1

第一部分

数据的游戏

1. 五年级男生的身高统计

早晨，小君背着书包走进五（1）班的教室，刚坐到座位上，好朋友阿豪就神神秘秘地打开自己的笔记本，翻到其中一页递给小君看。小君一眼扫过，只见上面密密麻麻地写满了测身高攻略。看着小君吃惊的模样，阿豪得意地说："我昨天听说今天学校要统计五年级所有男生的身高，特意查了这些攻略，这次一定要超过阿杰那家伙。"

小君想起来，阿豪本来比阿杰稍高一些，但今年阿杰长高了不少，开学体检时刚好超过阿豪一点点，为此，阿豪一直耿耿于怀。于是，小君也开始期待今天的身高统计，想看看阿豪的攻略有没有用处。

可是，一直到放学，小君和阿豪也没有等到测身高。两人背着书包走出教室，却在校门口遇见了阿杰。阿杰对阿豪炫耀："今天测身高，我又长高了2厘米，你呢？"

阿豪迷茫地说："今天没有人通知我们测身高呀？"

阿杰明显不相信："怎么会？今天不是五年级男生的身高统计吗？我去测身高的时候碰到了好多人，你是不是不想告诉我你的身高呀？”

一旁的小君看着这一幕，若有所思，想起老师曾经讲过总体和样本的概念，似乎找到了问题的答案。

知识点

认识“总体”和“样本”

当我们进行统计工作时，需要面对的数据往往很庞大。就比如统计一所小学五年级男生的身高时，这个年级所有男生的数量大约为 200 人，如果一一测量，是一项十分烦琐的工作。而 200 多的个体数量在统计学中显然也算不上庞大，统计工作还可能面临上千甚至上万的个体。此时，我们就需要选择一部分个体进行数据采集，并对这部分数据进行分析，从而得出反映总体情况的结果。被选取的这部分个体就叫作**样本**，而全部研究对象则叫作**总体**。

就拿前面的故事来说，假设小君所在的小学五年级男生共有 200 人，抽取了 30 人进行身高测量，那么，这 200 名五年级男生的身高是总体，而被抽取的 30 名男生的身高则是样本。

延伸思考

抽样

从总体中选取样本的过程叫作抽样，又称取样。样本要起到代表总体的作用，因此样本的选择并不是随意而为的，而是有一定规则和方法的。

抽样要遵循四项原则：目的性、可测性、可行性、经济型。抽样的方法多种多样，我们选择一些常见的方法进行介绍。

简单随机抽样是通过逐个抽取的方法取样，并且保证每次取样时每个个体被抽中的可能性一样大，这种方法适用于总体个数较少、个体差异不大的情况，如前面故事中五年级男生的身高统计就采用了这种抽样方法。

系统抽样是指先将所有个体分成均衡的几部分，再从每个部分中抽取一些个体，组合成样本，这种方法适用于个体数量较多的情况。

分层抽样是将总体分成互不交叉的几层，然后按照一定比例从各层中抽取若干个体，得到所需的样本。这种方法适用于总体由差异明显的几部分个体组成的情况。

2. "人口普查"到底在查什么

"咚咚咚——"静静一家刚吃完晚饭，门口就传来了敲门声。静静跑过去打开门，只见一个穿着工作服，戴着工作证的叔叔站在门外。这个叔叔身上斜挎着一只帆布包，手上还拿着一本笔记本。

看到静静疑惑的眼神，叔叔连忙介绍自己："小朋友，我是人口普查的工作人员，你爸爸妈妈都在家吗？"听到叔叔的介绍，屋里的爸爸出声说道："静静，快请叔叔进来，不要耽误他们的工作。"

叔叔走进客厅，详细地询问了静静一家的基本情况，并把他们的姓名、性别、出生年月、户籍等信息详细地登记在一只手机上。做完这些，叔叔笑着跟爸爸道谢："感谢你们对我工作的配合。"

爸爸也笑着回应："不用客气，人口普查是有益于国家和民生的事，我们理应配合。"

叔叔走后，静静好奇地问爸爸："爸爸，人口普查是在查什么呀？"

小朋友，你经历过人口普查吗？你知道人口普查是在查什么吗？

知识点

了解“普查”

普查是统计调查的组织形式之一，是对总体中的全部个体进行调查以搜集资料的过程。普查通常是在一个统一的时间点上进行的一次性调查，需要在规定的期限内完成，并具有规定的项目和指标。普查的优点是资料全面，准确性高，规范度高，能够为其他的调查方式提供依据；但它的缺点是工作量大、耗时多，使用的范围有限，只能调查一些基本的内容，调查的质量难以把控。

人口普查是大家耳熟能详的一种普查，我国每隔十年会进行一次人口普查。人口普查主要调查人口和住户的基本情况，包括姓名、出生年月、性别、民族、文化程度、婚姻状况等基本信息。人口普查工作能够全面掌握全国人口的基本情况，为制定人口政策和经济发展规划提供依据，是我国的一项重要工作。

延伸思考

抽样调查

抽样调查是从总体中抽取一部分个体进行调查，并根据调查结果对总体做出估计和推断。抽样调查虽然不是全面调查，但它的目的同样是获得总体的情况。和普查相比，抽样调查的经济性好，实效性强，应用范围广，是统计学中不可或缺的手段。

一方面，由于普查的工作量太大，普查进行的频率不高，很多时候都需要进行抽样调查，如在人口普查的十年间隔中，还会进行多次人口抽样调查。另一方面，在无法进行普查的情况下，往往需要通过抽样调查获取总体情况。例如，对手机的抗压测试，不可能把所有生产的手机都压坏，再比如，统计一片海域中有多少鱼类，不可能把海水抽干了进行普查，在这些情况下，都需要抽样调查的助力。

3. 统计游客的年龄

放暑假了，爸爸妈妈带晓晓去景区玩。景区里人山人海，还有许多旅游团。导游们拿着小喇叭跑前跑后，一边向游客们介绍景点，一边提醒周围的散客注意避让。

这不，晓晓正和爸爸妈妈走在一座小桥上，一名导游带着一群游客迎面走来，口里说着：“麻烦各位让一让，多多体谅。”晓晓侧身让到一旁，看着这群游客中有不少看起来和她差不多的小孩子，但也有几位老人头发花白，腿脚都有些不便了，确实需要礼让。

等这群游客走过后，晓晓一家继续向前走去。爸爸忽然问道：“晓晓，你看刚刚走过去的那群游客，如果要统计他们的年纪，应该怎么统计啊？”

晓晓挠挠头说：“乍一看这群游客的年纪应该不算太大，可是细看却有几个年纪比较大的老人，我也不知道该怎么统计他们的平均年龄。”

知识点

中位数

在生活中，我们在统计数据时常常会遇到和晓晓一样的难题，一组数据中，有几个数据特别“另类”，不是极大就是极小，此时，我们就需要中位数的帮助。

中位数是按一定顺序排列的一组数据中居于中间位置的数。它不受数列中极大值、极小值的影响，能够排除极端值对整体数据的干扰，反映

一组数据中间位置的情况，有时能够较好地代表全体数据的一般水平。一组有限的数据按照从小到大的顺序排列后，如果这组数据是奇数，那么中位数就是最中间的那个数，如果这组数据是偶数，那么中位数就是最中间的两个数相加除以 2。

例如，晓晓遇到的这群游客，他们的年龄数据按照从小到大的顺序排列后，应该是 7，8，9，11，11，12，65，67，最中间的两个数是 11 和 11，那么中位数是（11+11）÷2=11。

延伸思考

中位数的应用与局限

中位数适用于数据中有极端值，且没有某个数据重复出现多次的情况。例如，在一些社会各阶层收入差距较大的国家，中位数更能代表整体的收入水平。此外，在生活中，中位数还常常能够帮助我们设计更好的方案，例如，在铺设通信线路时，可用中位数来决定总控室的位置，使总控室到各点的距离之和最短，以节省材料与费用；在超市仓库选址时，也要运用中位数，使仓库到各个连锁点的距离之和最短。

但是中位数不能利用每个数据提供的信息，无法表现个体之间的差异，

同样具有一定的局限性。例如，我们知道了某个村村民本月月收入的中位数是 3600 元，也知道了这个村共有 300 人，但我们却不能凭借这两个数据得出这个村本月的总收入，这就是因为中位数没有利用每个数据的信息，因此无法推算出总量。

4. 巧算班级平均分

期中考试结束了，四（3）班的数学老师余老师把课代表灵灵叫到办公室，让她帮忙登记班级同学的数学成绩。灵灵左手翻着试卷，右手边放着班级名单。她一边翻动试卷，一边在名单上找到相应的名字把分数登记上，动作十分娴熟，一看就没少帮余老师登记分数。

这次考试的数学试卷题出得不难，同学们的分数都很不错。灵灵看到自己考了 98 分，是全班最高分；好朋友净净考了 96 分，排在第二；

同桌小梦考了 87 分；前桌小磊只考了 73 分……很快，灵灵就把全班 43 位同学的分数都登记完了。

灵灵把登记完毕的名单递给余老师，余老师却没有接，而是笑眯眯地看着灵灵问道：“灵灵，你觉得这次我们班同学的数学成绩怎么样？”

灵灵想了想说：“我觉得大家都考得不错，我登记成绩的时候，感觉分数都挺高的。”

余老师说：“咱们学数学可不能凭感觉，要拿数据说话，你想想用什么数据来证明你的话呢？”

灵灵是个很聪明的孩子，被余老师一提醒，立马恍然大悟：“余老师，我们要用平均分来说话！”说完，灵灵把班级 43 位同学的分数全部相加，然后除以 43，算出了班级同学数学成绩的平均分：82 分。这个分数的确比之前几次测试的平均分都要高，也比同年级大多数班级的平均分都要高。

知识点

平均数

灵灵求出的平均分，其实就是四（3）班同学数学成绩的平均数。**平均数**是统计学中最重要、最常用的指标之一。将一组数据中的所有数据之和除以这组数据的个数，得到的结果就是平均数。

平均数具有直观、简明的特点，能够反映统计对象的一般水平，也能

够反映几组不同数据之间的差别。因此，我们常常用平均分来衡量一个班级的成绩，也常常用平均分对同一年级中不同班级的成绩进行比较。除了平均分，平均身高、平均产量、平均速度等都是生活常见的平均数。

延伸思考

众数

我们已经知道了可以用平均数、中位数来判断一组数据的情况，除了这两个数据外，还有一个相当重要的概念——众数，也常常被用来衡量一组数据的情况。

众数是一组数据中出现次数最多的那个数值。一组数据中可以没有众数，也可以有不止一个众数。例如，“1，2，3，4，5，6”这组数据中，每个数据出现的次数都一样，都是一次，因此这组数据没有众数；而在“1，2，3，3，3，4，5，6，6，6，7，7，7”这组数据中，“3”“6”“7”出现的次数最多，都出现了三次，因此这组数据有三个众数：3，6，7。

众数适用于大面积的普查研究，不受极端数值的影响。当被研究的数据不具有明显次序时，众数就显得更有价值。众数在销售行业中被常用，可以指导商家发现大众的喜好。

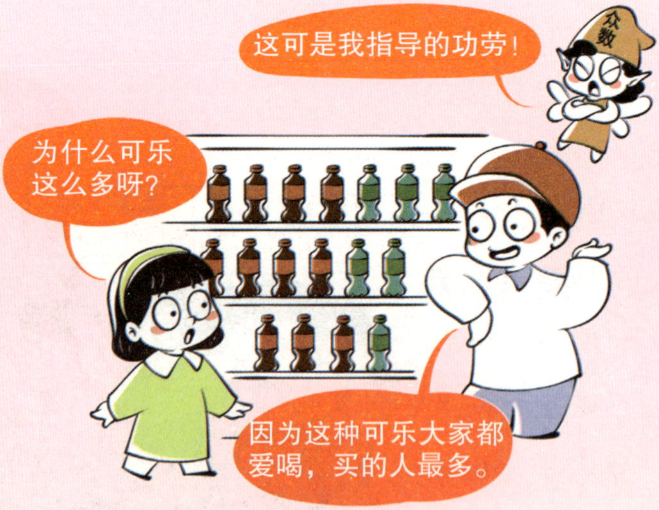

5. 游泳遇险的故事

暑假中的一天，天气十分炎热。涛涛在家吹着电扇、吃着雪糕，却还是觉得十分燥热。忽然，他看到了挂在墙上的游泳圈，便决定去外面游一会儿泳。

涛涛家附近有一条小河，平时家里管得严，从来不肯让他下河。这天爸爸妈妈都去上班了，涛涛决定在清凉的河水中好好享受一番。可是，他刚走到小河边，就看见岸上竖着一块木牌，上面写着“平均水深 1.1 米，严禁儿童下河游泳”。

涛涛满不在乎地说：“前几天爸爸给我量过身高，说我已经长到 1.48 米了，这河水的深度才 1.1 米，游泳能有什么危险？”

他快速脱下外衣，身上只穿着一条泳裤，就准备往水里跳。恰好有位伯伯从这里路过，连忙拉住了他，还告诉他这样做有溺水的危险。

“这怎么可能呢？”涛涛觉得十分疑惑，你能告诉他伯伯为什么要阻止他吗？

知识点

平均数有时会“骗人”

我们已经知道，平均数是用一组数据的总和，除以数据的个数得到的。它能够帮助我们了解数据的平均水平，但并不能告诉我们这组数据中各个数据的大小，也不代表这些数据一定处在平均数附近。换句话说，平均数，不一定能够代表大多数。

像河边的木牌说这条河的平均水深是1.1米，这是在不同深浅的地方测量出来的多个深度数据，然后把这些数据相加，除以数据的个数后得到的。由此，我们可以肯定地说，水中有的地方是比较浅的，深度不到1.1米；有的地方则是比较深的，深度超过1.1米，甚至还会超过涛涛的身高1.48米，所以那位伯伯才会说涛涛下河可能会溺水，非常危险。

延伸思考

“平均数陷阱”和预防办法

在生活中，平均数“骗人”的情况并不少见，这也被数学家称为“平均数陷阱”。比如，某个班级有60名同学，一次数学考试的平均分是85分，乍看上去是不错的成绩，可事实上该班级中不及格率达到了10%，也就是说，有6名同学的成绩还不到60分。如果只关注平均分，我们就会忽略这样的问题。

那么，该如何摆脱“平均数陷阱”的影响呢？数学家告诉我们可以请众数、中位数来帮忙，也可以先剔除掉一些过大、过小的“异常数据”，再计算平均数。

以众数为例，比如，在3，3，3，3，27，81这六个数字中，3出现的次数最多，所以众数是3，而平均数是（3+3+3+3+27+81）÷6=20，这两个数字相差较大，哪一个更能反应这一组数据的大多数情况呢？显然是众数3，而不是平均数20。

中位数是指按顺序排列的一组数据中居于中间位置的数。比如，在10，15，20，25，25这一组数字中，中位数为20；在20，18，30，25，16，23这一组数字中，想要找出中位数，要先将这组数据重新排序，得到16，18，20，23，25，30，中位数为$\frac{20+23}{2}$=21.5。

由此可见，想要比较准确地了解数据，只看平均数是远远不够的，我们还要想办法找出众数、中位数等结合着看，才能对数据有更加准确、直观的认识。

6. 小哥俩做梯子

俊俊今年上四年级了，他的哥哥帅帅比他大两岁，今年上六年级。小哥俩都十分喜欢手工，动手能力也特别强。正好，他们的爷爷是村里有名的木工，一有空，俊俊和帅帅就去给爷爷打下手。

这天，俊俊和帅帅来到爷爷家时，发现爷爷正在对着地上的木头想着什么。看到小哥俩，爷爷高兴地说："俊俊、帅帅，你们来得正好，我正有活儿要你们帮忙呢！"

小哥俩连忙跑过去问："爷爷，什么活儿啊？"

爷爷指了指地上的两条长木头，说："我要做个木梯子，这是梯子的两条竖边，已经做出来了，但是还有中间的横档没有做。相邻横档之间的距离一样，都是 30 厘米。你们俩在两条竖边上帮我把横档该放的位置都标出来。"

俊俊和帅帅一听，立马忙活起来，两人一人拿着卷尺，一人拿着记号笔，蹲在两条长木头前准备动手。俊俊指着靠近长木头底端的一点说：

"哥哥，我们就把这里作为第一根横档的位置，怎么样？"

帅帅说："好！那我们就把这里当成 0 刻度，用卷尺从这里开始量，30 厘米处是第二根横档，60 厘米处是第三根横档，90 厘米处是第四根横档……”

小哥俩一人测量，一人做标记，很快就把八根横档的位置都标好了。两人看着面前的长木头，心中满是成就感。突然，俊俊似乎发现了什么，说道：“哥哥，你看，咱们量出来的这些数据：0，30，60，90，120……后一个数减前一个数的结果都是 30，就像我数学课上刚学的等差数列呢！”

帅帅应和道：“还真是，生活中真是到处都离不开数学呀！”

知识点

了解“等差数列”

如果一组数从它的第二项起，每一项与前一项的差都是同一个常数，那么这个数列就叫作**等差数列**，这个常数叫作等差数列的**公差**，用 d 表示。俊俊和帅帅得到的数据 0，30，60，90，120，就是一组公差为 30 的等差数列。

因为等差数列具有上述特点，所以等差数列中的每一个数都可以用同一个公式来表示，这个公式叫作**通项公式**，

即 $a_n=a_1+(n-1)\times d$。其中，n 是正整数，a_1 表示第一个数，即首项，a_n 表示第 n 个。例如，在“0，30，60，90，120”这组数据中，首项是 0，通项公式是 $a_n=(n-1)\times 30$。

延伸思考

等比数列

还有一种与等差数列非常相似的数列叫作等比数列，它是指从一组数字的第二项起，后一项与前一项的比值都是一个常数的数列。这个常数叫作等比数列的公比，用字母 q 表示。例如，在 1，3，9，27 这组数列中，后一项除以前一项的商均是 3，这组数据就是一组公比为 3 的等比数列。需要注意的是，因为“0”不能作为除数，所以等比数列中不能出现“0”，若要满足这点，只需要 $q\neq 0$，$a_1\neq 0$ 即可。

有趣的是，当公比为 1 的时候，这组数据就变成了公差为 0 的数列，这样的数列中的每一个数都是相等的常数，于是这种数列又叫作常数列。

Part 2

第二部分

用图表来帮忙

7. 丰富多彩的暑假生活

金秋九月，宁宁背着书包回到了阔别已久的校园，走进了四（1）班的教室。从今天起，她就是一名四年级的学生了，不仅要学习更丰富的知识，还要适应新换的任课老师们。

开学的第一节课是数学课，数学老师钱老师同时也是宁宁的新班主任。她站在讲台上，并不急着上课，而是先做了自我介绍，然后笑眯眯地说："同学们刚刚过完暑假，是不是意犹未尽呀，让老师听听你们暑假都干了什么。"

宁宁的暑假过得很丰富，所以一听到老师的提问，就立刻举手答道："钱老师，我暑假学了舞蹈，已经考过四级了！"话音刚落，立刻有许多同学应声："我也是！""对对对！我也学舞蹈了！"钱老师让暑假学舞蹈的同学们起立，数出数目后，在黑板上用粉笔写下"学舞蹈"三个字，在这三个字下方写下了学舞蹈的人数"8"。

之后，又有好多同学纷纷举手，有的说学了围棋，有的说学了钢琴，有的说学了国画，还有的说学了编程……钱老师像登记学舞蹈的同学一样，把其他人数分门别类地在黑板上登记下来。最后发现，学围棋的有 7 人，学钢琴的有 10 人，学国画的有 9 人，学编程的有 4 人，学搏击的有 6 人，学游泳的有 13 人。

钱老师看着写满了左边半块黑板的项目和数字，感叹道："同学们的暑假生活真是丰富多彩呀！这么多项目，怎么样才能一眼看出哪个项目人多，哪个项目人少呢？"同学们一时愣住了。

看着同学们面面相觑的模样，钱老师笑了笑，在右边半块黑板上画了一幅有许多直条的图形，说："那我们今天就从条形统计图开始学习吧！"

知识点

条形统计图

条形统计图是用单位长度表示一定的数量，并根据数量的多少画出长度不同的直条，再将这些直条按照一定顺序排列起来的图形。条形统计图简称条形图，也称长条图或直条图。条形统计图一般由两条相互垂直的直线和一些长方形组成，

有纵式条形图和横式条形图之分。

条形统计图与频数密切相关，都是用于统计不同类别的个体数目的。条形统计图中的每一个长方形代表一个组别，长方形的长度则代表频数。在纵式条形图中，组别一般标注在横向的直线（横轴）上，频数则标注在纵向的直线（纵轴）上，横式条形图则相反。

条形统计图能够直观地看出各组数量的多少，是统计学中最基础的也是最重要的图标之一。

延伸思考

复式条形统计图

前面介绍的条形统计图其实是单式条形统计图，只能统计一个项目的一种数据，如统计四（1）班同学暑假活动这个项目的人数数据。但复式条形统计图能够统计一个项目的多种数据，如统计四（1）班同学暑假活动这个项目中的男生人数和女生人数两种数据。与单式条形统计图相比，复式条形统计图能够同时表示几种数据的变化情况，更便于比较，应用范围也更广泛。

复式条形统计图在画法上与单式条形图统计图一样，也有纵式和横式的之分。只是单式条形统计图的每个组别只有一个长方形直条，而复式条形统计图的一个组别有两个或

两个以上的直条综合在一起。因此，复式条形统计图有别于单式条形统计图的最大特点在于复式条形统计图必须有图例，即每一个组别中的直条或用不同的颜色，或用不同的花纹以示区别，并在图表上注明每种颜色或花纹代表的意义。

8. 一张图了解气温变化

“阿嚏——”放学回家的路上，凉风乍起，把坐在妈妈电瓶车后座上的阿志冻得打了个喷嚏。阿志缩了缩脖子，说：“这天气下午还挺暖和的，傍晚这会儿功夫，怎么一下子冷了这么多？”

妈妈闻言说：“都说这几天冷空气要来，怕是要降温了。回去看看天气预报。”

回到家，阿志打开妈妈的手机，正要点开天气预报的软件，就看见妈妈的微信弹出一条推送：“注意！今晚我市将受强冷空气影响……”

阿志连忙点开这条推送。果然，推送里说从今晚开始，将有一股强冷空气到达，气温也将从今晚开始持续下降，只不过下降幅度时大时小。后面，推送中就开始分析气温变化的趋势。阿志看不太懂，于是手指快速地翻动，划到了页面底部。推送的最后，一张图映入阿志的眼帘，那上面把未来七天的平均气温用七个点标了出来，并用一条曲曲折折的线把这七个点连在了一起。看着图上时陡时缓的下行折线，阿志了然："啊，不就是接下来的七天都要降温，不过前三天降得快，后四天降得慢嘛！前面啰啰唆唆地讲了这么多，一张图不就全看明白了。"

说着，他留意看了看这张图的标题，发现这张简明好用的图叫作"折线图"。

知识点

折线统计图

折线统计图是用折线的上升或下降来表示数值增减变化的统计图，又称曲线统计图，简称折线图。折线统计图不仅能清晰地表现数值的大小，而且能直观地反映数据变化的情况。

折线统计图主要有三种类型，第一种是**动态折线图**，用于研究数据随时间变化的趋势。动态折线图一般以时间为横轴，数值为纵轴，如阿志看到的平均气温变化情况折线图，就是一幅动态统计图。

第二种是**依存关系折线图**，用于研究两个研究对象之间的依存关系，即研究一个数据对另一个数据的影响程度。依存关系折线图通常把发挥影响作用的数据放在横轴，把被影响的数据放在纵轴。

第三种是**次数分布折线图**，用于研究总体中各部分的分配情况。次数分布折线图和条形图密切相关，也是统计组别和频数。不过次数分布折线图的组别往往是一个数值区间，取每一组数据的中间值作为次数分布折线图的横轴，以频数为纵轴，画出折线统计图。

延伸思考

复式折线统计图

和条形图一样，折线图也有单式和复式之分，上面讲的折线图指的是单式折线统计图。单式折线统计图在图中只有一条折线来表示数据的变化趋势，而复式折线统计图则有两条及两条以上的折线，可以表示多个数据的变化趋势，还可以在多个数据之间进行比较。复式折线图通常用不同颜色的折线以示区别，因此必须要有图例说明每条折线代表的研究对象。

复式折线统计图比单式折线统计图的应用范围更广。例如，统计每届奥运会上各国的奖牌数，就需要用复式折线统计图，用不同的折线代表不同的国家。这样，在一张图标上，不仅可以看出一个国家在历届奥运会中获得奖牌的数量变化，还可以比较在同一届奥运会上不同国家所获奖牌数量的多少。再比如统计甲、乙两地的气温变化情况，统计两种产品的销量变化，统计不同年份男女生入学的人数……

9. 兴趣小组人数统计表

十一假期过后，小胜走进学校，发现教室门口的班级牌变了：原来两面都是“五（2）班”，现在一面写着“五（2）班”，一面写着“书法”。小胜好奇地看了看周围几个教室的班级牌，发现了同样的变化——五（1）班的另一面变成了“象棋”，五（3）班的另一面变成了“瑜伽”，五（4）班的另一面变成了“英语”……小胜感觉既新鲜，又疑惑。

到了下午的班会课，小胜拿到了一张报名表，终于解开了疑惑。原来，每周的校本课要改成兴趣拓展课了。大家可以任选一个最感兴趣的项目报名，然后学校会把同一项目的人集中起来变成一个兴趣小组，在同一个教室里开展交流和活动。也就是说，下一节班会课，自己的教室就会变成书法兴趣小组的活动场地了。小胜看了看手中的报名表，五年级总共6个班，正好开设了6个兴趣小组，分别是书法、象棋、瑜伽、戏曲、朗诵、手工。小胜毫不犹豫地就在“象棋”下打了钩，报上了名。

第二天，年级公示栏上，张贴了一张表格，是六个兴趣小组最终人数的统计表，小胜一眼看到自己报名的象棋兴趣小组总共53人，是人数第二多的兴趣小组。小胜高兴地想：看来和我志同道合的人挺多啊！

知识点

单式统计表

统计表是用纵横交叉的线条绘制的表格来表现统计资料的一种形式。将收集到的原始数据经过整理后得到具有一定分析意义的数据，并进行分类、归纳，按照一定的顺序排列起来制作成表格，即为统计表。

单式统计表只对某一项目的数据进行统计，又称简单统计表。统计

的项目单一，因此单式统计表的形式往往是两行多列。小胜看到的“兴趣小组人数统计表”就是一张两行多列的单式统计表。其他常见的单式统计表还有“XX学校各年级人数统计表”“XX选举得票情况统计表”“XX图书馆图书购买情况统计表”等多种表格。

单式统计表虽然统计数据单一，结构简单，但应用范围依然相当广泛，并以其简洁明了的优势在统计表中占有半壁江山。

延伸思考

统计表的构成与设计

统计表由表头（总标题）、行标题、列标题、数字资料及其单位、制表日期五个主要部分构成，必要时可以在表格下方加上表外附加。表头放在整张表的最上方（不在格中），用于简明扼要地介绍统计表统计的主要内容；行标题和列标题一般放在统计表的第一列和第一

行，用来表示研究内容的类别和指标，也被称为“类”，如前文“兴趣小组人数统计表”中，“总人数”是行标题，“书法”“象棋”“瑜伽”“戏曲”“声乐”“手工”是列标题；表外附加通常在表格的下方，常用于说明数字资料来源、注释、特殊情况等。

10. 男女生课外阅读大比拼

学校一年一度的读书节到了。这回，学校给每个年级划定了几种图书类型并列出了相应的书单，同学们从中选择书籍阅读，一月为期，课外读书最多的班级能够摘得“书香班级”的荣誉称号，班里的每位同学还能获赠一本精美的图书。消息一出，欣欣的班级里很快掀起了一股读书热潮。

欣欣今年上六年级，学校分给六年级的图书类型是“名人传记”“历史文化”“自然科普”“经典名著”。拿到书单后，身为班长的欣欣眼珠一转，有了主意：“同学们，我们班的男生和女生数量一样多，正好都是 21 人。我们就来一个男女生课外阅读大比拼怎么样？看看这一个月，究竟是男生厉害还是女生厉害？”同学们都纷纷赞成，男生和女生们更是摩拳擦掌，准备力压对方一头。

第二天，教室后面的墙上多了一张大大的表格，用于分别统计男女生的阅读情况。谁读完了一本书，就去相应的图书类型下画“正”字。

一个月很快过去了，欣欣的班级成功拿到了“书香班级”的称号。

兴奋之余，大家分外期待男女生课外阅读大比拼的结果。早有准备的欣欣打开班级的投影仪，把一张表格呈现在全班同学面前。表格上，每种类型的图书男女生各阅读了多少本十分分明。看着这张表，班里一下子炸开了锅：

“看你们女生，自然科普类才读了 10 本，也太差了！”

“得意什么！你们历史文化类也就读了 11 本，好不到哪儿去！”

就在大家议论纷纷之际，欣欣笑着在表格后加了一列“总计”。虽说各种类型的图书男女生阅读的数量有多有少，但最终大家阅读的书籍总数竟是一样的。看来，这场男女生课外阅读大比拼，男生和女生旗鼓相当啊！

知识点

复式统计表

欣欣用来统计自己班级男女生课外阅读情况的这种统计表，叫作**复式统计表**。与单式统计表只能统计一种项目的数据不同，复式统计表可以统计两种或两种以上的项目，并将这些项目的数据整合在一张表中。

因此，复式统计表不仅能够清晰、明了地反映各项项目数据的情况，还能对不同项目的数据进行比较。

正是因为复式统计表具有这些优势，它成为了统计表中最重要的组成部分，在生活中的应用也最为广泛。例如，“不同年级学生最喜爱的课外活动”“中美俄在第 27–29 届运动会上的获奖情况”等表格，都是复式统计表的应用。

延伸思考

统计表的作用

统计表是用数字说话的工具，胜在简明易懂。统计表主要有三大作用。第一，用数量表明各研究对象之间的关系。例如，“XX 公司某产品的成本和利润”统计表，就能从表中看出两个研究对象的成本和利润之间的关系。

第二，统计表还可以说明研究对象之间的变化规律，例如，“XX 公司某产品 2022 年每月销售额”统计表，可以用来观察该产品的销售量是增加还是减少，或者哪些月份销量高，哪些月份销量少，从而指导该产品的囤货。

第三，统计表可以把研究对象之间的差别表示出来，如欣欣制作的“六（1）班男女生课外阅读情况”统计表，就能一一说明每种类型的图书男女生各阅读了多少本，这才有了班级中男女生的互相比较和调侃。

考试	第一单元	第二单元	第三单元	第四单元
成绩（分）	79	83	88	92
班级平均分（分）	83	87	87	87

11. 让人烦恼的近视率

“眼保健操开始——”下午第二节课前，眼保健操的音乐准时响起。不过，六（2）班的同学们明显做得心不在焉。有的时不时睁一睁眼睛，有的因为一会儿上课的内容还没有预习，在偷偷地翻着书，有的明显没有听节拍，自顾自地重复着同一个动作……

第二节课正好是数学课，金老师来到教室时，看到的就是这样一幅场景。她想了想，在黑板上画了一张表格。等到眼保健操的音乐结束，同学们抬头看向黑板，就看到黑板上有一张题为“六（1）班和六（2）班同学近视情况”的统计表。上面，六（1）班的总人数为“40”，近视人数为“23”，六（2）班的总人数为“43”。三个数据已经被登记在表中，其中还空着六（2）班的近视人数这一格。

金老师先点了点统计表中空着的那一格，说：“请近视的同学先举手示意一下。”话音刚落，教室里乌压压一片都举起了手。金老师数了数，在空格上写下“26”。然后，金老师问道：“同学们，谁能告诉我，咱们班和六（1）班，哪个班的近视率较高？”

同学们吭哧吭哧拿笔一算，过了一会儿，有些不好意思地说：“六（1）班的近视率是57.5%，我们班的近视率是60.5%，我们班的近视率高。”

金老师转身在黑板上的那张表格后又增加了一列，把两个班的近视率百分数补充了上去，说道：“所以，你们更要认真地做眼保健操了，让这令人烦恼的近视率不要总是居高不下。那么接下来，就让我们开始今天的课程——百分数统计表。”

知识点

百分数统计表

百分数统计表，顾名思义，表格中必须有百分数的存在。事实也确实如此，百分数统计表就是在我们已经学过的单式统计表或复式统计表的基础上增加百分数一栏。由于百分数的存在通常是为了便于比较，因此百分数统计表主要是复式统计表，单式统计表则很少增加百分数的统计。

百分数统计表往往是根据前面几栏的数据计算得出，并填入相应的空格中的。当计算过程中出现除不尽的情况时，通常在百分号前保留一位小数。因此，出现“总计”“总和”时，不能直接将百分数相加，而要根据原始数据重新计算。

延伸思考

百分数统计表的应用

百分数统计表能够表明各数据之间的百分比关系，在生活中的应用十分广泛。百分数统计表主要应用在各种“率”中，如学校常见的“及格率”“优秀率”，工厂常见的“合格率”“达标率”，考核中常见的“出勤率”“完成率”等。

此外，百分数统计表也用于突出某一数据在总体中的占比变化，如“国企收入占国家总收入的百分比”“65 岁以上老人占全国总人口的百分比”等。百分数统计表还能在时间轴上进行不同数据的比较，如“某企业员工人均收入较上一年的增长情况”“产品销售总量较上一年的增长情况”等。

Part 3

第三部分

神秘的概率

12. 正，正，正！下一次会是什么

大课间活动时，辰辰和他的好伙伴丁丁商量周末去哪里玩。辰辰想去游乐园玩过山车，而丁丁想去动物园看老虎，这两个地方听起来都非常诱人，一时间两人犹豫不决。这时，另一个同学路过，了解情况后便告诉他俩不如用抛硬币的方法来决定去哪里，如果是正面就去游乐园，反面就去动物园，出现正反面的可能性是 1:1，非常公平。

辰辰与丁丁欣然接受。于是丁丁找出一枚硬币，双手合十盖住硬币，摇晃几下后向上抛出。辰辰目不转睛地盯着硬币向上翻转，再垂直落下，“是正面！”辰辰高兴地说道，“这周末就去游乐园吧！”丁丁挠挠头，心里有些不服气，但还是同意了去游乐园玩耍。他拿起硬币仔细端详，对其产生了非常强烈的兴趣。

回家后，丁丁又认真地抛了一次硬币，是“正”！于是又抛了第二次，还是“正”！丁丁心里一惊，不是说这是最公平的方法吗？带着困惑与苦恼，他又向上抛去……

知识点

什么是概率

抛硬币时，向上的那面有两种可能，一种是正面，一种是反面，因为硬币的质地近似均匀，形状规则，所以随机抛出后，出现哪一面的可能性都相同，即正反面向上的可能性都接近$\frac{1}{2}$。同理，投骰子时，向上那面的点数有 6 种可能，那每个数字出现的可能性为$\frac{1}{6}$。

当我们发现一个试验中每一次可能出现的结果是有限个的，各种结果出现的可能性也是相等的时，就可以根据每种可能的结果算出在所有结果中占的比例，分析出这种结果出现的可能性，这样反映某个结果随机出现的可能性的大小就被称作**概率**。

那就是说，对于一个随机出现的事件 A，我们进行了 n 次实验，其中 A 事件出现了 m 次，那我们可以说 A 事件出现的频率是$\frac{m}{n}$，当我们大量地重复这个实验后，$\frac{m}{n}$常常会趋近常数，这就是 A 出现的**概率**，常常用 P（A）来表示。

我们可以发现对于任何一个事件 A，发生的次数 m 和实验的次数

n，有 $0 \leqslant m \leqslant n$ 的关系，那么我们可以推演出概率是有一定范围的：$0 \leqslant \frac{m}{n} \leqslant 1$，即 $0 \leqslant P(\mathrm{A}) \leqslant 1$。

延伸思考

概率的大小与公平

在生活中我们常常运用相同的概率追求一件事情的公平性，如果一件事情是不公平的，那通常难以获得全部参与者的支持与同意。

比如，我们想知道生活中常用的“石头、剪刀、布”游戏对双方参与者是不是公平的，我们就可以通过列举出所有的可能性来观测（如下图表格所示）：A 出石头的时候，B 有可能出石头、剪刀、布，那 A、B 获胜的次数都为 1 次；当 A 分别出剪刀、石头时，B 在每一种情况中也一样有三种可能，所以 A、B 都各有 3 种可能获胜，整场游戏双方出石头、剪刀、布的情况一共有 3 × 3=9 种，所以每个人获胜的概率都为$\frac{1}{3}$，因此这场游戏是公平的。

A	石头	剪刀	布	石头	剪刀	布	石头	剪刀	布
B	石头	石头	石头	剪刀	剪刀	剪刀	布	布	布
胜者		B	A	A		B	B	A	

13. 太阳一定从东方升起

每天早晨，阳光洒在迪迪家的露天阳台上，显得格外温暖舒心。迪迪生日那天，爱做手工的邻居哥哥给了迪迪一个手工制作的小型日晷模型，并嘱咐他一定要以坐南朝北、盘面向北的方式摆放。迪迪爱不释手，将它放在露天阳台，每天用它观测阳光在日晷盘面上留下的光影指针，仿佛有一种让时间现身的感觉。

有天迪迪做完作业，决定去阳台给花草浇水，无意中发现日晷的阴影指针是慢慢地按顺时针挪动的。迪迪的小脑瓜子里蹦出了一个想法：自己动手做一个日晷！于是，他便跑去请教了邻居哥哥制作日晷的方法。邻居哥哥告诉迪迪，日晷是古人观察太阳每天从东方升起，西方落下，物体的影子会随着太阳的方向由西向东移动而制作出的时钟，但是因为需要日光的“辅助”，所以阴天、雨天就会比较受限制。迪迪听罢，对制作日晷的兴趣更加浓厚了，于是在邻居哥哥的指导下，开始动手做起来。但他心中却悄悄思索，太阳每天都是东升西落的吗？

知识点

必然事件

太阳一定从东边升起，从西边落下；地球一定绕着太阳转；人随着时间的流逝，一定会衰老、死亡……这些在生活中、在一定条件内，一定会发生的事，被称作**必然事件**。

必然事件也就是一个概率为 1 的事件，我们可以把它叫作**确定事件**。

那么概率为 1 的事件一定是必然事件么？答案是否定的。

这里涉及一个比较复杂的概念，如果我们在有限的条件里，概率为 1 确实可以等同于必然事件，但是如果条件是无限的、不可测的，那这个等同就需要打个问号。

我们来举个比较抽象的例子，我们拿一枚硬币，来抛正反面，当你抛了第一次、第二次、第三次都为正面的可能性为$\frac{1}{2}\times\frac{1}{2}\times\frac{1}{2}=\frac{1}{8}$，但当你一直抛下去，抛了 n 次，都为正面的可能性就为$\frac{1}{2^n}$，那你“不都为正面”的概率就为（$1-\frac{1}{2^n}$），当 n 趋向于无穷大的时候，这“不都为正面”的概率也就无穷接近于 1，也就是说，“你抛硬币的结果不都为正面”

是一个概率为 1 的事件，但是并不是必然发生的事件，因为其仍然保留了一种“你抛的都为正面”的可能性。

延伸思考

零概率和不可能事件

不可能事件，顾名思义，就是在一定条件下每次试验中不可能发生的事，也就是说，不可能事件发生的概率 P 为 0。不可能事件和必然事件一样，被称作确定事件。虽然不可能事件为零概率事件，但反过来，零概率事件不一定是不可能事件。

为什么这么说呢？答案同样是因为有可能出现条件不可测的情况。比如说，我们向一个靶子扔飞镖，在假设你一定会扔中靶子的情况下，扔中 9 环的概率为 9 环的圆形面积比上整个靶子的面积，这是一个有一定概率的事件。但如果你要扔中一个靶子上的某一个特定的点，那它的概率显然是点的面积比上整个靶子的面积，但是，“一个点”这个概念在数学里是没有面积的，也就是说，在数学概念上，你扔中这个点的概率为 0，但显然你会扔中“这个点”，这就是零概率事件，但它仍有可能发生。

所以我们可以说，不可能事件是“真零概率事件”，而不能反过来哦！

14. 明天会是什么天气

在体育课上，豆豆和同学们在操场上踢球，不一会儿，乌云密布，豆大的雨点“哗哗”地往下落，淋了豆豆他们一个“措手不及”，体育老师忙组织大家去体育馆里避雨。豆豆拿着球，看着窗外突如其来的大雨，心想下次一定要看天气预报，提前做好准备。

放学回家一进门，豆豆便看到爷爷坐在电视前，收看每日的《气象预报》。爷爷是《气象预报》节目的“忠实粉丝”，每天同一时间都会准时坐在沙发上观看，提醒大家增衣添暖。以往豆豆总是不以为意，今天，他竖起耳朵留心听了下明天的天气情况，好有个准备。预报里说明日当地降水概率为 80%，温度为 16 ~ 22℃。豆豆想，看来明天下雨的可能性挺大。

第二天上学时，豆豆特地带了伞出门，还穿了防水的鞋子，结果这一天都晴空万里。豆豆感慨道：谁也不知道明天的天气，天气预报也有失手的时候，预测第二天的天气可真难啊！

知识点

随机事件

明天的天气是什么？是晴天、雨天还是阴天？在第二天来临之前，似乎一切皆有可能。这种在一定条件下，可能出现也可能不出现的事件，在数学中被称作**随机事件**。随机事件在大量重复的试验中会具有一定的规律，每个结果都有一定的可能性，比如我们借此来预测天气。

我们通常用大写的英文字母 A、B、C 等来表示随机事件，我们把随机试验中每一个可能出现的结果称为**样本点**，记作 ω_i，所有的样本点集合起来就称为**样本空间**，记作 Ω，那么 $\Omega=\{\omega_1, \omega_2, \cdots, \omega_i, \cdots\}$。随机事件就是样本空间的一个子集，只有一个样本点的随机事件被称为**基本事件**，含有多个样本点的随机事件被称为**复合事件**。

延伸思考

事件关系

如果我们拿投骰子作为一个样本空间 $\Omega=\{1,2,3,4,5,6\}$，那么“投到奇数”这个随机事件 A 就是 $\{1,3,5\}$，“投到偶数”的事件 B 就是 $\{2,4,6\}$，A 和 B 不能同时发生，也没有相同的样本点，所以 A 与 B 是互斥事件。

再比如说，“投到 1”这个事件 C 是 {1}，那事件 C 的发生一定导致了事件 A 的发生，因为事件 A 中的样本点包括了事件 C，所以我们称事件 C 是事件 A 的子集，写作 $C \subset A$。

那如果在某个试验中，事件 B 是事件 A 的子集且事件 A 是事件 B 的子集，那就说明 A=B，事件 A 和事件 B 就是相等事件。如果事件 A 和事件 B 至少有一个发生，那就把这种情况称为和事件，记作 A+B 或 $A \cup B$，这里面包含了事件 A、事件 B 所有的样本点。如果事件 A 和事件 B 同时发生，那一定是事件 A、事件 B 都拥有的公共样本，那就把这种情况称为积事件，记作 AB 或 $A \cap B$。

15.20 道选择题全做错

周一，数学课代表小叶拿着一沓改好的上周的测试卷回到班里发放给同学们，等她把全部卷子发完回到座位时，看到同桌小婷正在悄悄地抹眼泪。小叶轻轻地拍了拍小婷的肩膀，关心地问她怎么了。小婷红着眼睛，

拿出刚刚发的卷子，上面的选择题部分打满了明晃晃的红色叉，原来小婷20道选择题全部做错了。

小叶安慰她说道："你之前一直都答得很好。这次肯定是你状态不好，是小概率事件！你把题目订正完，搞懂每一道题出错的原因，查漏补缺，有不会的可以问我，我们一起学习讨论，下次一定会有进步！"小婷擦干眼泪，对着小叶坚定地点点头，然后拿出红笔和课本，重新认真地投入了学习。

知识点

小概率事件

为什么小叶说答错20道选择题是小概率事件呢？那么，什么是小概率事件呢？

一般情况下，我们把概率在0.05以下的事件称之为**小概率事件**，也就是说，一个试验重复100次，只发生1 ~ 5次的事件，就可以将其归为小概率事件。小概率事件往往在一次试验中几乎不可能发生，但是在多次重复试验中是必然发生的，它的概率非常接近于0。

我们拿出纸笔计算一下，在完全不会的状态下，答错一道选择题的概率为 $\frac{3}{4}$，而答错 20 道选择题的概率就是 20 个 $\frac{3}{4}$ 的相乘，即 $\left(\frac{3}{4}\right)^{20}$，约等于 0.003。这样，“答错 20 道选择题”这件事的概率在 0.05 以下，确实属于小概率事件。

小概率事件在统计学中“身担重任”。比如在某个假设的抽样试验中，身为小概率事件本不应该发生，但是如果发生了，反过来可以推出这个假设不成立，这就是**小概率反证法**。

延伸思考

小概率事件的应用

在生活中，我们常用小概率事件来反证事物，最常使用的就是工厂产品的抽样检测。

比如说，一个工厂每天出三批产品，要求每批次产品的次品率需要低于 1% 才算合格，每次抽检都是在三批中各抽一个，如果在某一次抽检中，查到了次品，那这一天的产品是否合格了呢？

我们一起来思考一下这个问题：

每批次产品的合格率为 99%，那么这天三个批次产品都合格的概率为：$0.99 \times 0.99 \times 0.99 \approx 0.97$；

其中有一个批次的抽检产品不合格的概率为：$0.01 \times 0.99 \times 0.99 \times 3 \approx 0.029$（这个“3”指的是有一个批次产品不合格有三种情况）；

其中有两个批次的抽检产品不合格的概率为：$0.01 \times 0.01 \times 0.99 \times 3 \approx 0.000297$；

那么，这天三批产品都不合格的概率为：$0.01 \times 0.01 \times 0.01=0.000001$。

所以我们不难看出，在当天产品中检测出不合格的次品的概率全都小于 0.05，即都是小概率事件，那如果当天我们检测出了至少一件次品，就说明当天的产品不符合出厂标准，需要“回炉再造”啦！同样，小概率事件在彩票、实验统计分析等事件中都发挥着作用。

16. 先抽签会不会比较“占便宜”

四年级准备举办一次科学知识竞赛，每个班将派出一名代表参加。在四（6）班，同学们表现得十分踊跃，谁都想得到这个为班级争光的机会。

为了确保公平，老师决定用抽签的方式确定人选。

可是对于抽签的顺序问题，同学们的意见却很不统一。航航说："先抽签的人最占便宜，要是他抽到了那张有记号的纸，后面的人就都不用再抽了。"

佳佳却提出了反对意见："你说的不对，明明是后抽签的人占便宜。你看，我们班共有 43 人，做好记号的纸却只有一张，第一个人抽到的可能性只有$\frac{1}{43}$，这是一个多么小的数字啊，所以他很难抽到。等第二个人抽的时候，可能性就变成了$\frac{1}{42}$……要是前面的人都没抽中，最后一个抽签的人不就有 100% 的可能抽中吗？"

航航听完后，马上质疑道："你怎么知道前面的人都抽不中？"

佳佳和航航争论了起来，谁都说服不了谁。就在这时，班长欣欣打断了他们，笑着说："其实，每个人抽中的概率是一样的。"

"这怎么可能？"航航和佳佳都不敢相信。那么，你认为欣欣的说法正确吗？

知识点

抽签原理

第几次抽签对于抽中的概率是没有影响的，这就是数学上的“**抽签原理**”。为了证明这一点，我们可以这样去推算：假设抽签盒里装有 10 张纸，其中 1 张是做了记号的签纸，另外 9 张是白纸，第一个抽签的人抽中的概率是$\frac{1}{10}$，抽不中的概率是$\frac{9}{10}$。

如果抽出的纸不放回去，第一个人没抽中，签盒里还有 1 张签纸、8 张白纸，也就是说，第二个人此时有$\frac{1}{9}$的可能性抽中，但这种可能性必须建立在第一个人没抽中的基础上，概率是$\frac{9}{10}$。根据**乘法原理**，如果做一件事需要分成 n 个步骤，做第一步有 m_1 种不同的方法，做第二步有 m_2 种不同的方法……，做第 n 步有 m_n 种不同的方法，那么完成这件事共有 $m_1 \times m_2 \times m_3 \times \cdots \times m_n$ 种不同的方法，所以，第二个人抽中的概率是$\frac{9}{10} \times \frac{1}{9} = \frac{1}{10}$，和第一个人抽中的概率相等。

我们可以按照这样的办法继续计算第三个人、第四个人……第 n 个人抽中的概率，最后会发现无论是先抽还是后抽，抽中的概率都是相等的，所以先抽的人并不会“占便宜”。

延伸思考

抽签原理的复杂情况

在生活中，有时候遇到的抽签情况会复杂一些，比如签盒里有 3 张签纸、7 张白纸，那么第一个人抽中的概率是$\frac{3}{10}$，抽不中的概率是$\frac{7}{10}$。

如果已经抽到的纸不放回去，此时签盒里还有 9 张纸，第二个人抽中的可能性要分两种情况来计算：

假设第一个人抽中，签盒里剩下 2 张签纸和 7 张白纸，此时第二个人抽中的可能性是$\frac{2}{9}$。

假设第一个人没抽中，签盒里剩下 3 张签纸和 6 张白纸，此时第二人抽中的可能性是$\frac{3}{9}$。

因为第二个人是在第一个人的基础上抽奖的，综合两种情况，第二个人抽中的概率是$\frac{3}{10}\times\frac{2}{9}+\frac{7}{10}\times\frac{3}{9}=\frac{3}{10}$。

我们还可以计算第三个人、第四个人……第 n 个人抽中的概率，会发现每个人抽中签纸的概率都相同，可见在不放回的抽签中，就算签纸从 1 张变成多张，也不会影响“抽签原理”的正确性，这也说明抽签是一种非常公平的解决问题的办法。

太有意思了！生活中的数学

日常故事 | 萌趣漫画 | 数学原理 | 拓展阅读

带着孩子玩转数学·让孩子爱上数学

彩虹糖童书馆
Rainbow Candy Kids' Book House

全案策划：杨丽丽
责任编辑：张世昌
执行编辑：秦锦霞
封面设计：装帧設計 Mobile:13693001197

上架建议：少儿科普

ISBN 978-7-5165-3398-7

9 787516 533987 >

定价：150.00元（全6册）

每个孩子都需要的趣味数学科普

太有意思了！生活中的数学

5 应用篇

周 婷◎编著

激发兴趣 | 活学活用

航空工业出版社

太有意思了！

生活中的数学

应用篇

周　婷◎编著

航空工业出版社
北京

内容提要

本书是一套专门为小学生定制的趣味数学读物，从家庭、校园和社会生活出发，让孩子体会到生活中处处有数学。全书共6册，分为运算篇、逻辑篇、测量篇、统计篇、应用篇、图形篇，结合生活实际，以故事的形式，将数学知识融入日常生活，再辅助趣味讲解，把枯燥的知识生活化、趣味化，从而打破孩子认为数学“枯燥、乏味”的刻板印象，培养学习兴趣、锻炼逻辑思维，让孩子轻松爱上数学。

图书在版编目（CIP）数据

太有意思了！生活中的数学．应用篇 / 周婷编著．-- 北京 ：航空工业出版社，2023.8

ISBN 978-7-5165-3398-7

Ⅰ．①太… Ⅱ．①周… Ⅲ．①数学一青少年读物 Ⅳ．①01-49

中国国家版本馆CIP数据核字（2023）第117518号

太有意思了！生活中的数学·应用篇

Tai Youyisi le!Shenghuozhong de Shuxue.Yingyong Pian

航空工业出版社出版发行

（北京市朝阳区京顺路5号曙光大厦C座四层　100028）

发行部电话：010-85672688　010-85672689

三河市越阳印务有限公司印刷　　全国各地新华书店经售

2023年8月第1版　　2023年8月第1次印刷

开本：787×1092　1/16　　字数：50千字

印张：3.5　　定价：150.00元（全6册）

Preface

前言

对于很多孩子来说，数学意味着一条条难记的公式、一堆堆理不清的数字、一个个让人脑仁都疼的抽象思维和逻辑。可事实上，只要改变认知的方法，学习数学也可以很有意思。

在我们的日常生活中，小到烙几块饼、种一棵树、调一次闹钟，大到外出旅行、投资理财、安排工程……无不渗透着数学逻辑思维。

车轮为什么是圆形的？饮料瓶为什么是圆柱形的？小蜜蜂为什么要把自己的家做成正六边形……生活中各种各样或简单、或复杂的图形也和数学有着千丝万缕的关系。

在每学期考试后，老师需要运用统计学知识来计算班级学生成绩的平均分、及格率；当零食不够的时候，孩子们会用抽签的方式来分配，总有“倒霉蛋”在“概率”的作用下分不到零食……“统计”“概率”“图表”这些抽象的概念，一旦运用到生活中，是不是也没那么难了？

数学从来都不是冷冰冰的公式和定理，也绝非拒人于千里之外的证明和推导。我们身边许多地方都有数学的身影，而它的魅力就在于能帮助我们解决许多实际生活中的难题。

这套书不是板着面孔讲数学，而是将生活中经常遇到的问题故事化，然后归纳总结为一个个的数学问题，并通过生动活泼的文字、幽默诙谐的漫画及贴近生活的例子，带领孩子们边玩边分析、边解答。

相信孩子们看完这套书，一定能慢慢地消除对数学“枯燥、乏味”的刻板印象，培养学习乐趣和逻辑思维能力，从而轻松地爱上数学，成为学习和生活中的数学小能手。

Contents

目录

01

运算解决实际问题

1. 忘带语文课本的李红 / 2

【知识点】往返问题

2. 多久能够追上第二小组 / 5

【知识点】复杂的追及问题

3. 算错的速度 / 8

【知识点】容易出错的“平均速度”

4. 是赚还是赔 / 10

【知识点】商品的利润问题

5. 买文具的难题 / 14

【知识点】巧用“等量代换法”

02

身边的统筹规划

6. 该买团体票还是个人票 / 18

【知识点】购票问题

7. 贪睡的小云 / 21

【知识点】多任务的统筹问题

8. 最多能换到几瓶水 / 24

【知识点】空瓶换水问题

9. 一家人过桥 / 26

【知识点】多人过桥问题

10. 义务植树活动 / 29

【知识点】最大效率问题

03

图形的游戏

11. 篱笆与菜地 / 34

【知识点】篱笆问题

12. 要不要换披萨 / 37

【知识点】圆的面积

13. 曲折的小路 / 39

【知识点】“平移法”求不规则图形的面积

14. 怎么包装最省纸 / 42

【知识点】长方体的表面积

15. 卷纸的长度怎样求 / 45

【知识点】巧用圆柱的体积公式

16. 爱动脑的聪聪 / 48

【知识点】不规则圆柱的体积

Part 1

第一部分

运算解决实际问题

1. 忘带语文课本的李红

李红是一个有点儿粗心的女孩，平时做事经常丢三落四的，让爸爸妈妈哭笑不得。

这天早上，李红吃完早饭，拎起书包准备去上学。妈妈问了她一句："你的课本、作业本都装好了吗？"李红自信地说："放心吧，全都装好了！"说完，她就推开门出发了。

从李红家到学校大概只有 500 米，她每天都是步行上下学，可她来到学校后，一翻书包，却发现自己忘带语文课本了。

李红皱着眉头想了想，忽然想起自己在吃早饭的时候，好像把语文课本拿出来看了一会儿新课文，然后随手放在沙发上了……李红无奈地想："这可怎么办啊，第一节就是语文课，我还是回家去取书吧。"

之后，她不敢耽误时间，马上就从学校往家走。到家后，妈妈看到她着急的样子，也顾不上批评她，而是连声催促她抓紧时间回学校。李

红紧赶慢赶，终于在上课铃响之前带着语文课本回到了教室。那么，这一天早上李红到底走了多远的路程呢？

知识点

往返问题

很多同学都发生过上学忘带课本、作业本、文具的情况，如果要回家取东西，就会遇到数学上的“**往返问题**”，这也是一种很常见的应用题题型。

对于这种问题，我们一定要弄清楚“**一来一回**”的路程到底是多少。比如在这道题目中，李红从家走到学校，路程是 500 米，从学校回家取书，相当于“往返”了一次，路程是 500×2=1000 米。等李红取到书后，又要从家返回学校，也就是又走了 500 米，所以总路程应当是 1000+500=1500 米。

由此可见，在遇到“往返问题”时，我们先要弄清思路，看题目中到底“往返”了几次，才不会误入思维的陷阱。比如，我

们改变一下问题，问李红每天在家和学校之间往返两次，一共要走多少米？这时候就要考虑到“往返”一次走的是两趟路，那么往返两次就要走 500×4=2000 米的路程。

延伸思考

“往返问题”中的“半路返回问题”

在“往返问题”中，我们常常会遇到这样的情况，就是还没有走完全程，便开始返回，这就是“半路返回问题”。比如李红从家出发，走到 168 米的时候，突然发现自己忘了带语文课本，于是她马上返回家里取书，之后立刻返回学校。

这时候想要计算李红一共走过了多少路程，就要弄清楚：李红往返的是 168 米这段距离，也就是说，她比平时多走了两个 168 米，这就是“半路返回问题”的关键。所以李红走过的总路程应当是从家到学校的路程再加上多走的那部分路程，即 500+168 × 2=836 米。你算对了吗？

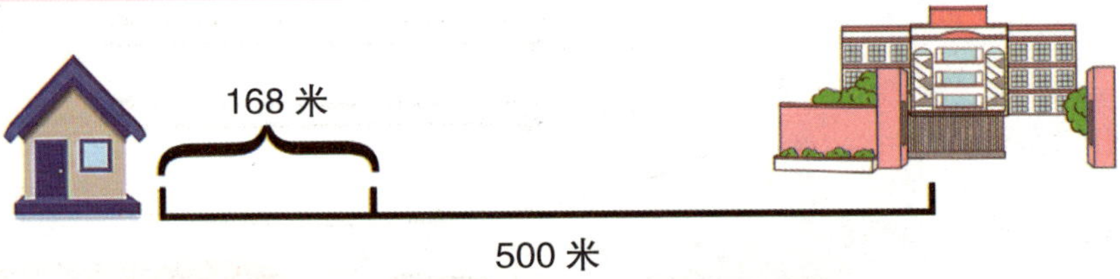

2. 多久能够追上第二小组

为了更好地锻炼身体，磨炼同学们的坚强意志，某小学三年级（1）班组织了一次远足活动。由于参加活动的人数较多，班主任卢老师决定将大家分成两组。

上午 8 点，两组同学在校门口集合完毕，然后分别在卢老师和宋老师的带领下，向着目的地出发了。一路上，同学们排着整齐的队伍，迈着坚定的步伐向前行进，不过两支队伍的速度却有的快有的慢。卢老师对着手表测算了一下，发现第一小组每小时大概能走 4.5 千米，而第二小组就要慢一些，每小时只能走 3.5 千米。

随着时间的推移，两支队伍之间的距离越拉越大，到上午 10 点时，第二小组已经被远远地甩在了后面。此时，第一小组恰好经过了一个果园，卢老师决定停下来参观一会儿，顺便等待第二小组。可没想到同学们一进去，就被各种各样的果树吸引住了，卢老师催了几次，大家都舍不得离开。结果，第一小组在果园停留了整整一个小时，等他们再次上路时，第二小组早

已超过了他们。现在请你帮卢老师算一下，他们要用多长时间才能追上第二小组。

知识点

复杂的追及问题

在生活中，我们经常会遇到形形色色的“**追及问题**”，也就是两个运动的物体或人向同一个方向运动（可以从相同地点或不同地点出发），其中一个速度快些，另一个速度慢些，如果速度慢的那个走在前面，过一段时间后，速度快的就能追上它。

然而实际情况往往不会这么简单，所以生活中会出现一些复杂的条件，我们在思考的时候不要被它们迷惑，只要抓住“追及问题”的数量关系（如追及时间 = 路程差 ÷ 速度差），就能解决问题。

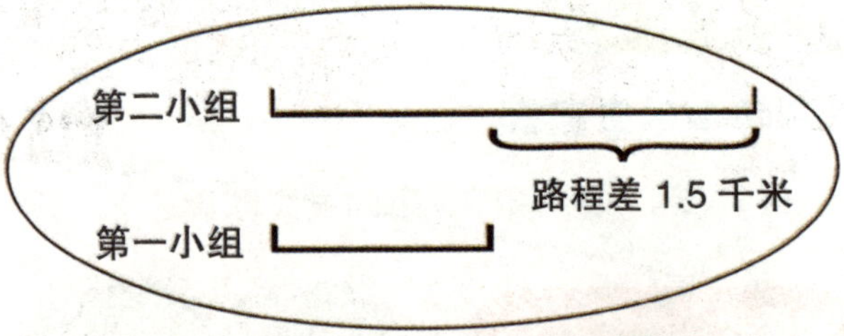

比如在这个问题中，两个小组同时从相同的地点出发，但速度不同，第一小组每小时比第二小组多走 4.5−3.5=1 千米，也就是两个小组的“**速度差**”是 1 千米，从上午 8 点到 10 点的这两个小时中，第一小组多走了 1×2=2 千米。之后，第一小组停下来参观果园，在这一

个小时内，第二小组多走的路程是 $3.5 \times 1-2=1.5$ 千米，这就是第一小组要追赶的**“路程差”**。把它代入数量关系中，就能算出追及时间 $=1.5 \div (4.5-3.5)=1.5$ 小时，所以第一小组要用 1.5 小时才能追上第二小组。

延伸思考

有趣的“往返追及问题”

有的时候，“追及问题”还会与“往返问题”结合，变成更加复杂的问题。对此我们也不用担心，只要把握好“追及时间”“路程差”“速度差”这几个关键的量，就不难找到答案。

比如，某学校组织学生春游，队伍前进的速度是 6 千米 / 时，两个小时后，校长发现忘带了照相机，便请一位老师骑共享单车回学校取。这位老师以 12 千米 / 时的速度回到学校，之后带着照相机立即返回，那么，他将用多长时间追上队伍呢？

在这个问题中，队伍行进的时间为 2 小时，距离学校的路程为 $6 \times 2=12$ 千米，老师返回学校用的时间为 $12 \div 12=1$ 小时。此时我们要注意，在这 1 个小时中，队伍并没有停下来等待，而是继续前进，前进的路程为 $6 \times 1=6$ 千米，所以队伍距离学校的路程变成了 $12+6=18$ 千米，这就是老师再次从学校出发时，要面对的“路程差”，而追及时间为 $18 \div (12-6)=3$ 小时，也就是说，老师要用 3 个小时才能追上队伍。

3. 算错的速度

暑假期间，妈妈给思思报名参加了某夏令营。在那里，思思接受了不同的训练，各方面的素质都得到了提高。

这天，老师组织大家进行野外拉练，具体的任务是负重行进到某个目标地点。一开始，思思和伙伴们唱着歌向前慢跑，大家精力充沛，健步如飞，老师给他们测算了一下，发现大家这时的平均速度能够达到 10 千米 / 小时。

可是走了一半的路程后，大多数同学都感到非常疲倦，思思也觉得自己的腿像灌了铅似的，尽管老师一直跟在旁边为他们加油鼓劲儿，效果却很不理想，很多同学直接从跑变成了走，而且越走越慢，经过测算，后半段路程的平均速度只有 4 千米 / 小时。

好不容易到了目的地，思思已经累得气喘吁吁了，她一屁股坐在地上，无力地说：“好累啊！”老师想给大家“打打气”，便说道：“我们来时的平均速度是（10+4）÷2=7 千米 / 时，还是比较快的，希望大家再接再厉，争取返程时也能达到这个速度。”

思思听完老师的话，

忍不住开口道："老师，您把平均速度算错了。"那么，你认为这位老师算出的结果正确吗？为什么？

知识点

容易出错的"平均速度"

平均速度的问题看似简单，但错误率却是比较高的，这主要是因为很多人会像这位老师一样，把平均速度理解为"前半段路程的平均速度与后半段路程的平均速度相加后再除以 2"，这样得到的答案肯定是错误的。

事实上，如果我们想要算出**平均速度**，就需要先计算消耗的总时间，再用总的路程除以总时间，才能得到正确结果。

不过，这道题目并没有为我们提供"**总路程**"的数据，所以我们不妨将总路程设为 20 千米，那么前一半的路程就是 20 ÷ 2=10 千米，消耗的时间为 10 ÷ 10=1 小时；后一半的路程也是 10 千米，消耗的时间为 10 ÷ 4=2.5 小时；因此同学们来时的平均速度为 20 ÷（1+ 2.5）≈ 5.71 千米 / 小时。

延伸思考

“设数法”解决实际问题

在前面的问题中，我们用到了一种巧妙的解题方法——“设数法”，它属于使用假设法解决问题的一种情况，就是在缺少已知条件的时候，我们可以先把这个条件设为 x 或某个具体的数，再对题目进行分析和解答的方法。

小学生成成就遇到了这样一道难题：“铁道小学的学生总数是红星小学学生总数的 40%，铁道小学女生总数是该校学生总数的 30%，红星小学男生总数是该校学生总数的 42%，那么，两个小学的女生总数占两个学校学生总数的百分比是多少？”

聪明的成成把红星小学的学生总数设为 500 人，那么铁道小学的学生总数为 500 × 40%=200 人，铁道小学女生总数为 200 × 30%=60 人，红星小学男生总数为 500 × 42%=210 人，则红星小学的女生总共有 500−210=290 人。两个学校的学生总数为 500+200=700 人，两个学校的女生总数为 60+290=350 人，所求的百分比为 350 ÷ 700=50%。

当然，你也可以试试把红星小学的学生总数设为 x 或其他数字，最后计算出的结果是一样的。

4. 是赚还是赔

小颖的父母在市里开了一家服装店，因为店里的服装款式时尚，标价也很合理，所以店铺受到了很多顾客的欢迎，生意非常火爆。小颖看着爸爸妈妈整天忙着进货、理货、售货，十分辛苦，便打算周末去店里帮忙。

这个星期六，爸爸妈妈又要去进货，小颖便自告奋勇要来看店，妈妈告诉她：“最近天气转凉了，我们准备把夏装打折出售。连衣裙的数量不多了，所以每条售价是 128 元，比进价低 20%，算是亏本处理；应季的长袖衬衫售价也是 128 元，只比进价高 20%，也是非常实惠的。顾客问起的时候，你可以给他们介绍一下。”

小颖自信地点点头，说：“妈妈放心，我记住了！”

爸爸妈妈离开后，一位顾客来到服装店，挑选了一番，恰好买下了一条连衣裙、一件长袖衬衫。小颖在心里简单地算了算，感觉两件衣服是“一赔一赚”，不会给店里造成什么损失，所以她高兴地包装好衣服，收下了货款。

没想到爸爸妈妈回来后，听说了这件事，却都皱起了眉头，爸爸还说：“我们还是把标价或折扣调一下吧，否则下次还得亏钱。”你知道小颖的爸爸为什么要这么说吗？

知识点

商品的利润问题

对于“**利润问题**”，我们的想法一定不能过于简单，要想知道是亏了还是赚了，必须通过认真仔细地计算才能弄清楚。

在这个问题中，我们可以先计算连衣裙的“**亏损**”：已知连衣裙的售价 128 元，比进价低 20%，那么连衣裙的进价是 128÷（1−20%）=160 元；所以售出一件连衣裙，亏损了 160−128=32 元。

下面来计算长袖衬衫的“**利润**”：已知长袖衬衫的售价为 128 元，比进价高 20%，那么长袖衬衫的进价是 128÷（1+20%）≈ 106.67 元；所以售出一件长袖衬衫，赚到了 128−106.67=21.33 元。

顾客同时购买一件连衣裙和一件衬衫，就导致亏损金额大于利润金额，最终店铺其实是亏损了，所以爸爸说要重新调整标价或折扣，才不会造成进一步的亏损。

延伸思考

理清“利润问题”中的概念

在生活中，商品的利润问题十分常见，想要正确解决，我们需要先厘清几组数量关系：

利润 = 售价 − 进价，

亏损 = 进价 − 售价，

利润率 =（售价 − 进价）÷ 进价 ×100%，

售价 = 进价 ×（1+ 利润率），

进价 = 售价 ÷（1+ 利润率）。

当遇到简单的问题时，我们可以直接套用这些数量关系，但实际问题可能会复杂一些，这时我们就需要变换思维，灵活运用数量关系计算出正确答案。比如一件商品的售价为 100 元，在销售旺季时，价格上调了 20%，到销售淡季时又下调了 20%，这时候我们可千万不能认为售价没有变化，而是要先计算出涨价后的售价为 100×（1+20%）=120 元，降价是在这个基础上进行的，所以降价后的价格为 120×（1−20%）=96 元。也就是说，和原来的售价 100 元相比，降价后的价格实际上是亏损了 4 元。

5. 买文具的难题

快要开学了，航航和磊磊打算给自己添置一些新文具。于是两兄弟来到学校附近的一家文具店，经过一番挑选后“满载而归”。

爸爸想看看他们的收获，于是航航展示着自己购买的铅笔和钢笔，

对爸爸说：“我平时铅笔用得多，所以买了 3 支铅笔、2 支钢笔，一共花了 16.95 元。”

磊磊也拿出了自己的“战利品”，并介绍道：“我想买 2 支钢笔送给朋友，所以买了 2 支铅笔和 3 支钢笔，一共花了 23.8 元。”

爸爸听后，点了点头道：“看来这钢笔还挺贵的，你们购买的时候看清价格了吗？”

航航吐了吐舌头，不好意思地说：“我只顾着比较哪支钢笔更漂亮了，还真没注意标价是多少。”磊磊也说自己忙着看哪支笔更好用，没有留意每支笔到底是多少钱。

面对两个粗心的儿子，爸爸无奈地摇了摇头，不过他还是想到一个好办法——他通过儿子之前报给他的数字，简单地计算了一番，就算出了铅笔、钢笔的单价。那么，你猜到爸爸用的是什么方法计算了吗？

知识点

巧用“等量代换法”

在解决数学的应用题时，有一种非常巧妙的方法叫作**“等量代换法”**，顾名思义，就是用一个量去代替和它相等的另一个量。我们非常熟悉的“曹冲称象”的故事就用到了这种方法，这个故事的大意是：聪明的曹冲用一船石头来代替大象，之后称出石头的重量，就得到了大象的重量。我们在解决问题时，也可以想办法构建“等量”的桥梁，让难题迎刃而解。

比如在这个问题中，我们可以先列出两个数量关系：

3 支铅笔 +2 支钢笔 =16.95 元，

2 支铅笔 +3 支钢笔 =23.8 元。

如果将这两个等式的两边相加，我们就会得到一个新的数量关系：

5 支铅笔 +5 支钢笔 =40.75 元。

将这个数量关系变形，就得到 5 ×（1 支铅笔 +1 支钢笔）=40.75 元，所以 1 支铅笔和 1 支钢笔的价钱之和为 40.75 ÷ 5=8.15 元，那么 2 支铅笔和 2 支钢笔的价钱为 8.15 × 2=16.3 元。

将这个量对应的数量关系代入 3 支铅笔 +2 支钢笔 =16.95 元中，就会得到 1 支铅笔 +（2 支铅笔 +2 支钢笔）=1 支铅笔 +16.3 元 =16.95 元，所以 1 支铅笔的价钱是 16.95−16.3=0.65 元，而 1 支钢笔的价钱是 8.15−0.65=7.5 元。

延伸思考

“等量代换”与“鸡兔同笼问题”

“鸡兔同笼”是我们经常会遇到的趣味数学问题，如有若干只鸡和兔被关在一个笼子里，人们从上面数，可以数出 35 个头，从下面数，可以数出 94 只脚，那么笼子中的鸡和兔各有多少只？

看到这样的问题，我们也可以用“等量代换法”来解决问题，假设鸡有 a 只，兔有 b 只，列出数量关系：

（1）$a+b=35$，

（2）$a+a+b+b+b+b=94$。

将（1）代入（2）中，就会得到 $2(a+b)+2b=2\times35+2b=94$，所以 $b=12$，$a=23$，可以知道兔子有 12 只，鸡有 23 只。

Part 2

第二部分

身边的统筹规划

6. 该买团体票还是个人票

秋高气爽，五年级（5）班的 50 名同学在 3 位老师的带领下去郊外的植物园秋游。

来到植物园后，马老师带着班长阳阳和学习委员小玉去售票处买票，刘老师、韩老师带领其他同学排好队伍准备入园。

因为正值旺季，植物园推出了“学生票”和“团体票”两种优惠方式：成人票每张 10 元，学生票每张 5 元，团体票（10 人以上）每张 6 元。

阳阳高兴地说：“团体票真便宜，我们一共有 53 人，超过了 10 人，所以都可以买团体票。”

小玉是个细心的女孩，她马上发现了问题，对阳阳说：“你这样买票反而会更贵。我认为老师和同学们可以分开购票，三位老师购买成人票，同学们购买学生票，这比你的办法合算多了。”

听完小玉的分析，阳阳也觉得这样买票很合算，可马老师却有不同意见，她笑眯眯地启发两位同学道：“你们再动动脑筋，看看有没有更省钱的购票方案？”

阳阳和小玉被马老师的问题难住了，你能帮他们想出更好的方案吗？

知识点

购票问题

在上面的购票问题中，阳阳、小玉提出了两种解决办法，可以被称为两种“方案”。

第一种方案是“**合购团体票**”，花费的金额为：6×（3+50）=318 元；

第二种方案是“**学生、老师分开购票**”，花费的金额可以这样计算：10×3+5×50=280 元。

那么，到底有没有更省钱的方案呢？答案是肯定的，因为学生票是一张 5 元，团体票是一张 6 元，如果所有的学生都买团体票，反而会花一些冤枉钱。所以我们可以采用“**交叉购票**”的方案，也就是让 3 位老师和 7 名同学组成一个团体购买团体票，其余同学购买学生票，这样就可以充分地享受两种优惠了。

这种方案花费的金额可以这样计算：6×（3+7）+5×（50−7）=275 元。

比较三种方案：275 元＜ 280 元＜ 318 元，可见第三种方案是最省钱的。

延伸思考

多方案问题的解决思路

在生活中，我们经常会遇到这类可以用多种方案解决的问题，这时候一定不能想当然地随便选一种方案，因为那不一定是最好的，还可能会让我们浪费不少时间或金钱。我们不妨把所有可能的方案都列举出来，再进行比较，答案就一目了然了。

比如，小学生芳芳就遇到了这样的问题，她想买 10 本单价为 0.5 元的作业本，可校门口的三家文具店却推出了三种不同的优惠活动：A 店“一律打九折”，B 店“买 5 本赠 1 本”，C 店“满 20 元享受八折优惠”。

这时候芳芳就可以得出三种购买方案。

第一种方案：去 A 店购买，总价是 0.5×10×0.9=4.5 元；

第二种方案：去 B 店购买，因为买 5 本赠 1 本，所以买 10 本赠 2 本，也就是花 8 本的钱就能买到 10 本（假设可以多买），总价是 0.5 × 8=4 元；

第三种方案：去 C 店购买，买 10 本作业本的总价为 0.5 × 10=5 元，还不足 20 元，不能享受打八折的优惠，所以还是得支付 5 元。

在比较这三种方案后，芳芳就会知道去 B 店购买作业本是最合算的。这种运用数学知识解决实际问题的方法，你学会了吗？

7. 贪睡的小云

小云已经上六年级了，她学习勤奋，成绩良好，平时基本的家务活也都能做好。可她有一点不足，就是没有养成良好的作息习惯——晚上睡得太迟，早上总是起不来，需要爸爸妈妈把她叫醒，她才能及时起床。

一天晚上，小云的爸爸妈妈有事外出，要到第二天中午才能回来，他们担心小云会因为贪睡而迟到，便想帮她定个闹钟。

任务表

任务A	刷牙洗脸	3分钟
任务B	穿外衣和整理仪容	3分钟
任务C	背单词	6分钟
任务D	淘米	2分钟
任务E	煮粥	18分钟

妈妈对小云说：“我把闹钟定在 7：00 吧，这样你起床以后可以不慌不忙地洗漱，还能给自己准备早饭，不会饿着肚子去学校。”

小云一听连连摇头：“7∶00 太早了，我还没睡够呢，这样上课肯定会打瞌睡的。”

妈妈没有办法，只好坐下来和她一起讨论起床后要完成的事情和需要的时间：刷牙洗脸要 3 分钟，穿外衣和整理仪容要 3 分钟，背单词要 6 分钟，淘洗小米要 2 分钟，用电饭煲煮小米粥要 18 分钟，吃早饭要 8 分钟，而小云必须在 7∶40 之前出门，上学才不会迟到。那么，你能帮小云算一下，她最迟能睡到什么时候吗？

知识点

多任务的统筹问题

在面临很多任务的时候，我们不必一件一件地按顺序去做，因为那样可能会造成时间的浪费。就像小云早起后，如果按部就班地先洗脸刷牙，再整理仪容，然后淘米、煮粥……需要的总时间是 3+3+6+2+18+8=40 分钟，而她必须在 7∶40 之前出门，那么她最迟只能睡到 7∶00，这正好是妈妈提出的时间，但小云对此并不满意。

那么，有没有更好的办法呢？答案是肯定的，我们可以用“**统筹规划**”的思维合理安

排时间。为此，我们先要看一看小云在哪段时间里是“闲着”的，这样就可以利用这段时间去做其他事情，从而达到节省时间的目的。根据题意，只有煮粥的 18 分钟符合条件，所以小云在起床后可以先用 2 分钟淘米，之后开始煮粥，在煮粥的同时可以刷牙洗脸、穿外衣和整理仪容、背单词，这三件事需要的总时间为 3+3+6=12 分钟，足以在煮粥的过程中完成。等到煮好粥后，小云可以用 8 分钟的时间吃早饭，最终用去的总时间为 2+18+8=28 分钟，为了在 7：40 之前出门，小云最迟能够睡到 7：12。

延伸思考

生活中的时间统筹和规划

在日常生活中，我们可能经常会遇到类似的情况，想要用最短的时间完成所有的事情，就要学会统筹规划。

首先，我们要厘清自己要完成哪些任务；其次，我们要把每个任务要用的时间列出来，再进行比较；接下来，我们需要合理地调整任务顺序，尽量不要让自己出现“空闲时间”。

比如乐乐想要给自己泡一碗方便面吃，而他洗碗筷用时 2 分钟，准备面用时 2 分钟，烧开水用时 8 分钟，为了节约时间，乐乐就可以先烧开水，在等待水开的同时洗碗筷、准备面，这样只用 8 分钟，他就可以开始泡泡面了；可要是先做其他事情，再烧水，用的总时间就会变为 2+2+8=12 分钟，白白浪费了 4 分钟。

由此可见，学会时间统筹和规划是非常重要的，它能让我们的生活变得更有效率。

8. 最多能换到几瓶水

暑假的一天，某小学五（6）班的一些同学相约去附近的公园游玩。这天户外的温度很高，他们还没走到公园，就已经又累又渴了。有个叫彤彤的女生看到路边有家便利店，就拉着同学们去买冷饮解渴。

这时，便利店正在举行促销活动，顾客在店内购买某款饮料后，可以用 4 个空瓶再兑换 1 瓶饮料。同学们一口气喝完了 15 瓶饮料，可是在找售货员兑换的时候，却遇到了困难。

男生涛涛说："15 个空瓶只能换 3 瓶饮料，还剩下 3 个空瓶，该怎么办呢？"

男生小羽说："这好办啊，我们把换来的 3 瓶饮料喝掉，不就有 6 个空瓶了吗？就能换 1 瓶饮料并剩下 2 个空瓶了。"

彤彤却说："这样还是会造成浪费啊，你们看我的，我有办法不会剩下空瓶。"说完，彤彤就向一旁正在喝饮料的叔叔走去，还礼貌地问叔叔："您好，请问您能把喝完的饮料瓶借给我用一下吗？"

彤彤的做法让同学们有些"看不懂"，那么，你知道彤彤这么

做的原因吗？

知识点

空瓶换水问题

平时购物的时候，我们常常会遇到这种“**空瓶换购问题**”，如果像涛涛和小羽那样思考问题，也就是用简单的除法算式解决问题，不但会让解题步骤变得非常烦琐，还会出现**余数**（产生多余的空瓶），造成一定的浪费，所以我们应当像彤彤一样，想出更加巧妙的办法，让每一个空瓶都能得到有效的利用。

比如在这个问题中，由于第一次兑换 1 瓶后剩余的空瓶只有 3 个，不够兑换 1 瓶饮料，我们就可以采用“借”的办法，从别人手中先借来 1 个空瓶，这样就可以兑换 1 瓶饮料，喝完后把空瓶还给对方就可以了。按照这种思维，15 个空瓶可以兑换 3 瓶饮料，喝完后得到 4 个空瓶，就又可以兑换 1 瓶饮料，因此同学们不用额外花钱，就可以多喝 5 瓶饮料。

延伸思考

巧用“等价代换法”

在“空瓶换水”的问题中，如果需要兑换的空瓶非常多，达到了几十个、几百个，有没有简单的解决办法呢？答案是肯定的，那就是采用“等价代换法”。

就像在这个问题中，4 个空瓶可以兑换 1 瓶饮料，也就是说，4 个空瓶的价值相当于 1 个空瓶加一份饮料（不包括瓶子），那么 3 个空瓶的价值就相当于一份饮料，所以如果有 15 个空瓶的话，就相当于 15 ÷ 3=5 份饮料，所以同学们最多可以多喝 5 瓶饮料。

9. 一家人过桥

瑞瑞一家五口去郊外游玩，因为玩得太过投入，他们忘记了时间，直到天色已经变黑，他们才匆匆忙忙地往回赶。

在他们回家的路上要经过一条小河，河面上有一座又狭窄又破旧的小木桥，桥面的承重有限，每次最多只能让两个人同时通过。更糟糕的是，桥面有些湿滑，为了防止出现危险，需要用手电筒照明，可全家人只有一个小手电筒，于是怎么过桥就成了问题。

爸爸看了看表，着急地说：“过了这座桥再走5分钟，就有公交车站，回市里的末班车在31分钟后就会到来，我们还能赶上那趟车吗？”

聪明的瑞瑞快速地思考起来，他想：“我过桥大概要4分钟，爸爸走路速度快，过桥要2分钟，妈妈要3分钟；爷爷奶奶年纪大了，走路速度慢，过桥的时间分别是7分钟和8分钟。每次安排两个人过桥，还得有一个人把手电送回来……”

突然，瑞瑞一拍脑袋，高兴地说：“我想到办法了！”接下来，瑞瑞给一家人排好了“顺序”，并成功地在末班车到来前，赶到了车站。

那么，你知道瑞瑞是怎么安排一家人过桥的吗？

知识点

多人过桥问题

想要解决这种**多人过桥问题**，我们可以首先给所有人的速度“排排队”：爸爸的速度最快，为2分钟，之后是妈妈，为3分钟；然后是瑞瑞，为4分钟；最后是爷爷奶奶，分别为7分钟和8分钟。

为了尽量缩短过桥的时间，我们可以按照下面的步骤来安排过桥的

顺序：

第一步，速度最快的爸爸和妈妈一起过桥，用时 3 分钟（按照速度慢的计算时间）；过桥后，爸爸返回送手电筒，用时 2 分钟；

第二步，速度最慢的奶奶和爷爷一起过桥，用时 8 分钟；过桥后，妈妈返回送手电筒，用时 3 分钟；

第三步，速度最快的爸爸和妈妈一起过桥，用时 3 分钟；过桥后，爸爸返回送手电筒，用时 2 分钟；

第四步，爸爸和瑞瑞一起过桥，用时 4 分钟。

这样，全家人过桥的总时时间为 3+2+8+3+3+2+4=25 分钟，又因为过桥后还要走 5 分钟才能到公交车站，所以全部用时为 25+5=30 分钟。而末班车在 31 分钟后到，因此瑞瑞一家还是能够赶上末班车的。

延伸思考

多人过桥与统筹规划

对于“多人过桥”的问题，我们在思考时一定要把握好几个关键点：

第一，想要让所有人过桥的时间最短，就要让每次过桥的人尽可能多，

但是还要考虑实际条件的限制，比如在这道题中，桥面狭窄、承重量有限，所以每次过桥的人数不能超过两个人。

第二，在每一组人过桥时，用时要参考速度慢的人所用的时间，这时候就要尽量安排速度相近的人一起过桥，否则时间相差太大，速度较快的人的时间就会被白白浪费。所以在这道题中，可以先安排时间相近的爸爸妈妈一起过桥，再安排爷爷奶奶一起过桥。

第三，由于每次过桥都需要用手电筒照明，所以在每组人过桥之后，都需要有一个人再把手电筒送回来，为了减少时间消耗，就要安排速度较快的人来完成这个任务。

从这几点出发，我们就能像瑞瑞一样通过统筹规划，找出最佳的过桥方案，圆满地解决问题了。

10. 义务植树活动

又到了一年中的植树节，某小学四(3)班的40名同学在老师的带领下，前往郊区参加义务植树活动。

来到场地后，他们接到的任务是“挖树坑”和“运树苗”。由于同学们的身体素质各不相同，老师把他们分成了A、B、C三组，其中A组有15人，B组有15人，C组有10人。根据老师的测算，在相同的任务时间内，A组每人能挖5个树坑，或是运送20棵树苗；B组每人能挖3个树坑，或是运送10棵树苗；C组每人能挖2个树坑，或是运送7棵树苗。

如果在任务时间内，这些同学必须挖75个树坑，而运送树苗的数量不限，那么老师该如何安排人员，才能在完成任务的同时还能让树苗运得最多呢？

知识点

最大效率问题

我们平时经常听到这样一句话：“好钢要用在刀刃上”，这个道理就适用于这个问题，为了完成“既挖够75个树坑，又能运送最多树苗”的任务，我们要充分发挥每一位同学的**最大效率**，比如要让挖树坑效率相对较高的同学专门去挖树坑，让运树苗效率相对较高的同学专门去运树苗，这样就能更快、更好地完成任务，还能减少不必要的人员浪费。

为了方便比较，我们可以引入“**相对效率**”——用相同时间内挖树坑的数量除以运树苗的数量，就能得到挖树坑的相对效率。

所以，A 组挖树坑的相对效率为 5 ÷ 20=0.25；B 组挖树坑的相对效率为 3 ÷ 10=0.30；C 组挖树坑的相对效率为 2 ÷ 7 ≈ 0.29。

由此可见，B 组挖树坑的相对效率最高，其次是 C 组，而 A 组相对更擅长运树苗，所以老师应当优先安排 B 组的同学挖树坑，在任务时间内 B 组的同学可挖 3 × 15=45 个树坑；同时安排 C 组的同学挖树坑，可挖 2 × 10=20 个树坑；还差 75–45–20=10 个树坑，老师安排 2 名 A 组的同学去挖即可。

在挖树坑的同时，A 组的学生还有 15–2=13 名处于“空闲”状态，老师可以安排他们运树苗，运送的棵树为 20×13=260 棵，这样运送的树苗棵树才会是最多的。

延伸思考

统筹与提升人员效率

统筹规划不但能够帮我们节省时间，还能够大大提升人员效率，比如在上面的植树活动中，善于统筹的老师就巧妙地调动了三组能力不同的同学，实现了效率的最大化。

我们在生活中遇到了这样的问题，也要注意做好统筹安排，让每个人都能够发挥所长，做自己相对擅长的工作，这样才能让效率不断提升。

比如有甲、乙两位同学打算靠制作手工艺品来赚取零花钱，这种手工艺品有两个组件，甲同学每天可以制作 150 个组件 A，或 75 个组件 B；乙同学每天可以制作 60 个组件 A，或 24 个组件 B。想要实现效率最大化，我们可以先算出甲同学制作两种组件的相对效率是 150 ÷ 75=2，而乙同学制作两种组件的相对效率是 60 ÷ 24=2.5，可见乙同学相对更擅长制作组件 A，甲同学相对更擅长制作组件 B。如果任务时间是 10 天，乙同学将制作 600 个组件 A，甲同学将制作 750 个组件 B，但手工艺品是由组件 A 和组件 B 共同构成的，所以不能让甲同学一直制作组件 B，而是要制作 600 ÷ 75=8 天组件 B，在剩余的 2 天里，甲按照 1 ∶ 1 的比例制作两种组件即可，这样既不会造成浪费，又能提升效率。

Part 3

第三部分

图形的游戏

11. 篱笆与菜地

小强的爷爷住在乡下，平时就打理菜地，养鸡养鸭，生活非常悠闲。这个星期天，小强和爸爸妈妈一起去看望爷爷，他们到达的时候，爷爷正在菜地里忙碌着，小强赶紧跑过去，想给爷爷帮忙。

爷爷告诉小强："我打算用竹篱笆围一块新菜地，这样家里的小鸡、小鸭就不会跑进去祸害蔬菜了。"爷爷还给小强展示了一下准备好的竹篱笆，大概是 25 米长，而爷爷计划围一块长方形的菜地，长大概是 10 米，宽大概是 5 米。

小强正好学过"长方形周长"的知识，他想，竹篱笆的长度不就是菜地的周长吗？按照长方形周长的公式，菜地的周长是$(10+5)\times 2=30$米。

想到这一点，小强连忙提醒爷爷："您准备的竹篱笆太短了，不够围这块菜地。"

爷爷一听也皱起了眉头，可他毕竟经验丰富，很快就有了主意。爷爷笑着拍拍小强的头，对他说："如果菜地四面不靠墙，那篱笆的长度肯定不够。可我要是让菜地的一边或两边靠着墙，问题就不大啦。"

“爷爷这话是什么意思呢？”小强挠着头，一脸困惑。你能帮他解决疑问吗？

知识点

篱笆问题

用篱笆围一块菜地，可以有多种方案，每种方案所需的篱笆长度都是不一样的，我们可以先将这些方案列出来，再比较一下。

第一种方案就是小强提出的“四边都不靠墙”的围法，那么，长方形的四边都要围上篱笆，所需篱笆的长度与长方形的周长相等，是 30 米，超过了爷爷准备的篱笆长度，所以这种方案不可行。

第二种方案是“菜地短边靠墙”，即有一条短边不用围篱笆，那么所需的篱笆长度为 10 × 2+5=25 米，刚好和爷爷准备的篱笆长度相等，所以这种方案可行。

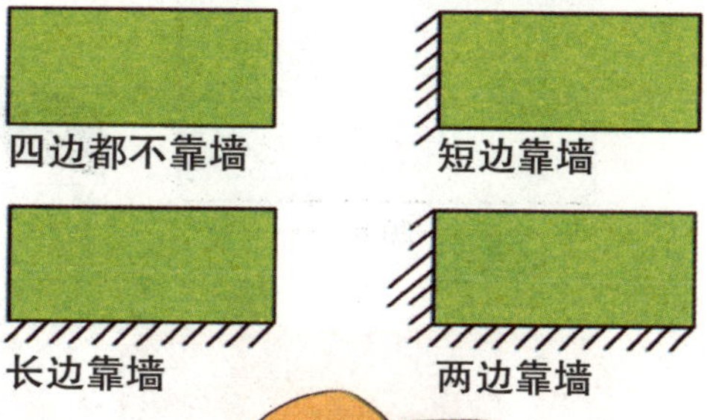

第三种方案是“菜地长边靠墙”，即有一条长边不用围篱笆，那么所需的篱笆长度为 5 × 2+10=20 米，小于爷爷准备的篱笆长度，所以这种方案可行。

第四种方案是“菜地两边

靠墙”，即有一条长边和一条短边不用围篱笆，那么所需的篱笆长度为5+10=15米，也小于爷爷准备的篱笆长度，所以这种方案也可行。由此可见，第二、第三、第四种方案都是可行的，但第四种方案最好，可以省下不少竹篱笆。

稍复杂的“篱笆问题”的解法

在现实生活中，“篱笆问题”往往会更复杂一些，比如篱笆围出的图形不是规则的长方形或正方形，再比如只知道篱笆的总长度，不知道所围图形各边的长度，这时候我们可以仔细观察图形的特点，特别是要看清哪条边不用围篱笆，再根据题目要求算出图形的面积或周长。

小学生卓然就遇到了这样一道题目：“用56米长的篱笆靠墙围一个梯形花坛，花坛的一边长20米（如左图所示），求花坛的面积是多少？”

卓然是这样思考的：

因为篱笆只围住了梯形花坛的上底、下底和高，所以梯形的上底与下底之和为56−20=36米，而梯形的面积公式为（上底＋下底）× 高 ÷2，所以卓然不用求出上底或下底各是多长，只要将“36米”这个数字代入公式计算即可，即36×20÷2=360平方米。

12. 要不要换披萨

小珊特别喜欢吃西餐，每到周末或假日，就嚷嚷着让妈妈带她去吃汉堡、披萨。这个星期六的中午，妈妈和小珊来到商业区，看到那里新开了一家披萨店。

由于店铺正在做开业酬宾活动，吸引了不少顾客，店内的座位都被坐满了，柜台前也排出了长队。小珊赶忙拉着妈妈排在后面，想要买一个美味的披萨打包带走。

半个小时后，终于轮到她们点餐了。小珊心想，我一定要买个尺寸大一些的披萨，好好“过个瘾”。可当她告诉服务员要订一个 12 英寸的披萨时，服务员却为难地说：“不好意思，12 英寸的披萨已经卖完了，给您换成一个 8 英寸的和一个 4 英寸的，可以吗？”

小珊正想开口答应，妈妈却拦住了她，还严肃地对服务员说：“你们这么做是不合理的，属于误导顾客！”

小珊还没想明白这是怎么回事，服务员就向妈妈道歉了，还向她们推荐了一款既便宜又好吃的特价披萨。那么，你知道妈妈是怎么看出问题的吗？

知识点

圆的面积

将 12 英寸的披萨换成 8 英寸和 4 英寸的两个披萨，乍看上去合理，可要是用数学知识算一算，就会发现顾客其实“吃了大亏”。

我们都知道，整张披萨是圆形的，所谓的尺寸大小如 4 英寸、6 英寸、8 英寸等指的是圆的直径，我们想要比较圆的大小，当然不能只比较圆的直径，而是要通过计算比较圆的面积。

根据圆的面积公式：$S=\pi r^2$ 或 $S=\pi\cdot\left(\frac{d}{2}\right)^2$，其中 π 指的是**圆周率**，一般取 3.14 这个近似值，r 是圆的**半径**，d 是圆的**直径**。

所以，直径为 12 英寸的披萨的面积为 $3.14\times(12\div2)^2=113.04$ 平方英寸。

用同样的方法计算 8 英寸的披萨面积是 $3.14\times(8\div2)^2=50.24$ 平方

英寸，4 英寸的披萨面积是 3.14×（4÷2）^{2}=12.56 平方英寸，两个披萨的面积之和为 62.8 平方英寸，明显小于 113.04 平方英寸，可见这种换法对顾客是很不公平的。

延伸思考

圆的面积在生活中的应用

这个“换披萨”的故事也提醒了我们，在学到了数学知识后，一定要积极地在生活中应用，这样不但能够充分发挥知识的价值，还能解决很多实际问题。

就像“圆的面积”在生活中就有很大的用处。数学家们早就发现，在周长相同的前提下，圆的面积比其他任何形状的图形的面积都要大，这一点在生活中就得到了广泛应用。比如，牧民会把羊圈围成圆形，这样羊圈的面积就最大，能够容纳更多的羊；再如自来水管、煤气管也被设计成了圆柱形，就是因为管道截面是圆形的，比其他形状的面积都大，在单位时间内可以通过的水或气体更多。

12. 曲折的小路

某小学的花园里有一块长方形的草坪，长是 20 米，宽是 14 米，在草坪中间有一条宽 2 米的曲折小路（如下页图所示）。

每天课间或放学后，同学们都喜欢来这里玩耍，可是小路崎岖不平，有的同学又喜欢在上面追逐嬉戏，就很容易导致同学们摔倒受伤。学校

考虑到同学们的安全问题，决定翻修小路——先平整路面，再铺上漂亮的小花砖。

负责采购花砖的刘老师需要先算出小路的面积，他正好在教五年级（2）班的数学，便打算让同学们一起来算算这道难题。在知道这个问题后，同学们纷纷开动脑筋，很快就解决了小路的面积问题。不过，在选择花砖的时候，刘老师有些犹豫，他看中了两款花砖，一种是边长为 20 厘米的正方形花砖，每块售价 5 元；另一种是长 30 厘米、宽 20 厘米的长方形花砖，每块售价 7 元。

现在请你和五(2)班的同学们一起算一算，看看哪种花砖更经济实惠，并告诉刘老师一共需要花费多少钱。

知识点

“平移法”求不规则图形的面积

在这个故事中，我们可以采用**“平移”**的办法，把小路横着的部分向下平移，竖着的部分向右平移，这样就会出现下页图中的情况，**阴影部**

分的面积就是不规则小路的面积，我们可以用大长方形的面积减去小长方形的面积来求解，即 $20\times14-18\times12=64$ 平方米。

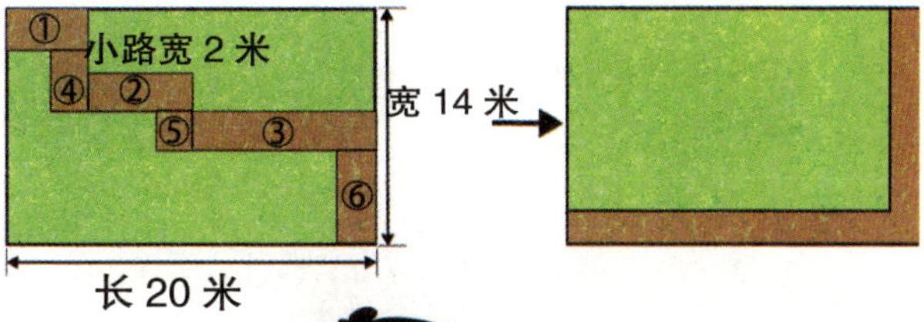

求出小路的面积后，我们再去解决铺砖的问题：如果选择正方形砖，每块砖的面积为 $0.2\times0.2=0.04$ 平方米，需要花费 $64\div0.04\times5=8000$ 元；如果选择长方形砖，每块砖的面积为 $0.3\times0.2=0.06$ 平方米，需要花费 $64\div0.06\times7\approx7467$ 元，因此，选长方形砖更实惠。

延伸思考

不规则图形面积的其他解法

我们在生活中遇到的图形很多都是不规则的，它们的面积没有办法直接求解，这时候我们就需要变换思路，根据图形的具体特点将它转化为规则图形，再用学过的面积公式进行求解。

在上述问题中，我们用到了“平移”的办法，除此之外，还有“割补法”“旋转法”或“添加辅助线”等多种方法。比如下面这块形状不规则的草坪（如下页中的图所示）就可以用多种方法来求面积，第一种是将草坪从中间一分为二，变成一个长方形和一个梯形，再求出它们的面积之和；第二种是将草坪分割成长方形和一个小三角形，再求面积之和。

上面这两种办法都属于“割法”，我们还可以尝试“补法”，就是将草坪填补成一个大长方形，再用它的面积减去“补进去”的小梯形的面积，也能解决问题。当然，你还可以再试一试，看看有没有其他的办法，但一定要注意方法越简单越好，否则会降低解决问题的效率，还容易出错。

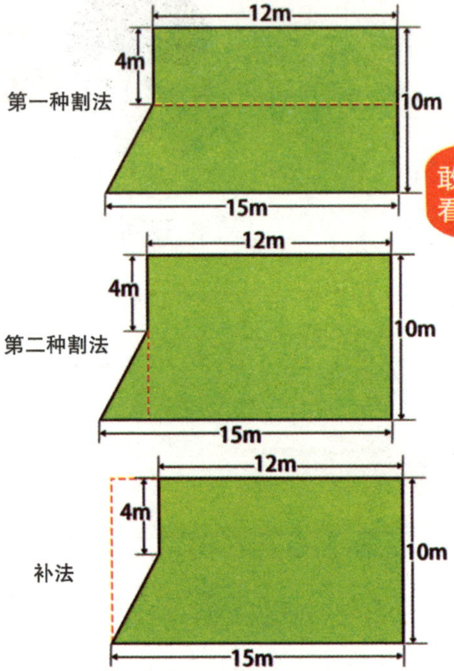

14. 怎么包装最省纸

星期天，小雪和妈妈一起逛超市，她们来到了日用品区准备买几支牙膏。小雪看到牙膏种类繁多，但包装大多是长方体纸盒，有的牙膏是一支单独售卖，有的牙膏则是两支、三支捆绑在一起售卖。

小雪最近刚刚学过与“长方体”有关的知识，一看到这些牙膏的包装盒，她的脑海中就浮现出了长方体表面积的计算公式。妈妈看她对着牙膏出神，好奇地问她在想什么，小雪指着捆绑在一起的牙膏说：“我觉得牙膏的包装有些问题，您看，一支小小的牙膏装在这么大的长方体纸盒中，三支牙膏就是三个纸盒，这得浪费不少包装纸呢！”

妈妈听完小雪的话，觉得很有道理，连连夸奖她善于观察和思考。妈妈还鼓励小雪自己做做研究，看看有没有更好的包装办法。

回到家后，小雪用两个牙膏盒（牙膏盒长15厘米，宽4厘米，高3厘米）做起了实验，经过一番调整和计算，她确定了一种最省纸的包装办法。那么，你知道这种方法是什么样的吗？

知识点

长方体的表面积

想要知道哪种包装办法最省纸，我们不妨用牙膏盒来摆一摆，看看怎样才能减少最多的表面积。在摆放的过程中，我们要注意把长方体的某两个面紧紧地挨在一起，这样在计算表面积时，就可以同时减去这两个面的面积，以达到省纸的目的。

小雪采用了三种摆法（如下页图所示）。在第一种摆法中，小雪先算出了 1 个牙膏盒的表面积，根据**长方体的表面积＝(长×宽＋宽×高＋长×高)×2**，得出 1 个牙膏盒的表面积是（15×4+4×3+15×3）×2=234 平方厘米，2 个牙膏盒的表面积是 234×2=468 平方厘米；而重叠面的面积是宽 × 高 =4×3=12 平方厘米，所以两个牙膏盒最后的表面积是 468−12×2=444 平方厘米。

在第二种摆法中，重叠面的面积是长 × 高 =15×3=45 平方厘米，表面积是 468−45×2=378 平方厘米。

在第三种摆法中，重叠面的面积是长 × 宽 =15×4=60 平方厘米，表面积是 468−60×2=348 平方厘米。

比较三种摆法，显然第三种摆法的表面积是最小的，也就是最省包装纸的方法。

延伸思考

多个物体的包装方案

通过计算两个牙膏盒的三种摆法的表面积，我们会发现想要使表面积最小，就要让重叠面的面积尽可能大，这样包装时用的包装纸才会最少。

那么，如果要包装的物体增多了，我们又该如何设计包装方案呢？假如现在有 4 个相同的玩具盒（每个长 6 厘米，宽 4 厘米，高 10 厘米），我们就可以按照右图列出的方案来进行包装，比如可以将盒子按长和高两两叠加，或是按长和宽两两叠加，也可以按照宽和高两两叠加……通过比较，我们就会发现方案四的表面积最小。这种方案将四个盒子包装成了一个大长方体（长 8 厘米，宽 6 厘米，高 20 厘米）。

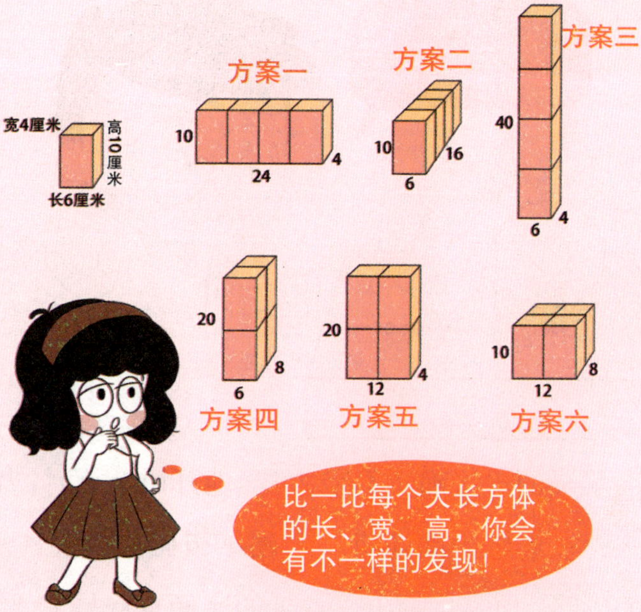

将这个大长方体与其他几种方案进行比较，我们能够总结出一条规律，那就是最终包装出的大长方体的长、宽、高越接近，大长方体的表面积就越小，包装用的包装纸纸就越少。

15. 卷纸的长度怎样求

卫生卷纸是每个家庭必不可少的生活用品，它虽然价格比较便宜，但消耗的速度却非常快，要是不及时补充，就会出现“缺纸”的尴尬场面。

这不，昊昊肚子有点痛，正要去卫生间“解决问题”，却发现家里的卫生纸用完了。他只好大声向爸爸求助，爸爸连忙去楼下的便利店买

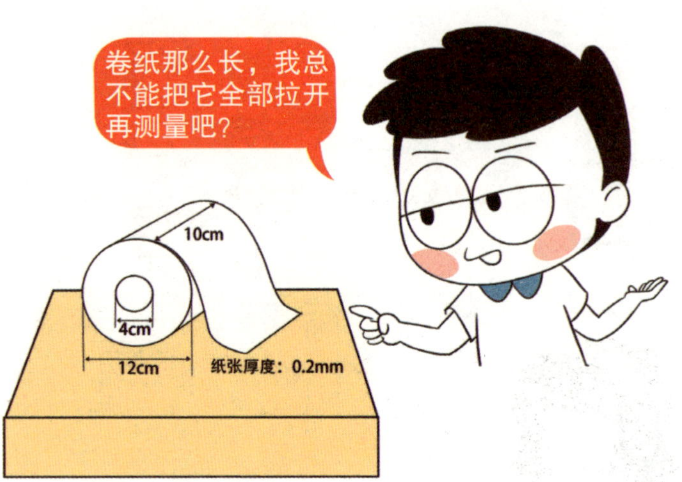

回了一袋卷纸，才让昊昊摆脱了一场“危机”。

看着手中的卷纸，昊昊陷入了沉思，要是能算出一卷纸到底有多长，再估算一下家人每天的用量，不就能够算好时间，提前购买了吗？

昊昊的想法确实不错，可当他开始计算时，却发现问题没有那么简单。原来，在卷纸中间还有一个硬纸板做成的圆柱形纸芯，这个纸芯影响了他的思路。他虽然量出了卷纸的底面直径是 12 厘米，卷纸的高是 10 厘米，纸芯的直径是 4 厘米，也从卷纸的包装上看到了纸的厚度大概是 0.2 毫米，但他却不知道该如何入手计算。

那么，你能用学过的数学知识，帮助昊昊计算一下卷纸一共长多少厘米吗？

知识点

巧用圆柱的体积公式

想象一下，如果我们将卷纸全部展开，它会是什么样的呢？它会变成一个很长的“长方体”，之所以是长方体而不是长方形，是因为一张卫生纸虽然很薄，却也是有厚度的。

这个长方体的“长”就是我们想要知道的卷纸长度，“宽”就是卷纸的高度 10 厘米，“高”就是卷纸的厚度 0.2 毫米（0.02 厘米）。这个长方体的体积等于整个圆柱的体积减去圆柱纸芯的体积，找到了这个数量关系，我们就能计算出卷纸的长度了。

首先，根据圆柱的体积公式 $V=Sh=\pi r^2h$，计算出整个圆柱的体积是 $3.14\times(12\div2)^2\times10=1130.4$ 立方厘米。

然后，再计算出纸芯的体积是 $3.14\times(4\div2)^2\times10=125.6$ 立方厘米，那么，长方体的体积是 $1130.4-125.6=1004.8$ 立方厘米，所以卷纸长度 = 长方体的体积 ÷ 宽 ÷ 高 $=1004.8\div10\div0.02=5024$ 厘米。

延伸思考

空心圆柱体积的简便算法

带芯卷纸其实是一个空心的圆柱，我们在计算卷纸的体积时，如果用上面的方法，即先算出整个圆柱的体积，再算出内圆柱的体积，然后相减，计算量比较大，也容易出错，那么，有没有更加简单的计算方法呢？答案是肯定的。

我们可以这样去计算：$V_{空心圆柱}=V_{大圆柱}-V_{内圆柱}=\pi R^2h-\pi r^2h=\pi h(R^2-r^2)$，

这样，公式得到了简化，计算过程也会变得更加简单。其中，R 是大圆柱的底面半径，r 是内圆柱的底面半径，h 是圆柱的高。

比如，我们要计算一段水泥管的体积，测量出水泥管的外径是 10 厘米，内径是 6 厘米，管子的高度为 20 厘米，将其代入上面的简便公式进行计算，就可以得到 $V=\pi h(R^2-r^2)=3.14\times 20\times(5^2-3^2)=1004.8$ 立方厘米，这样，计算过程是不是变得更加简便了呢？

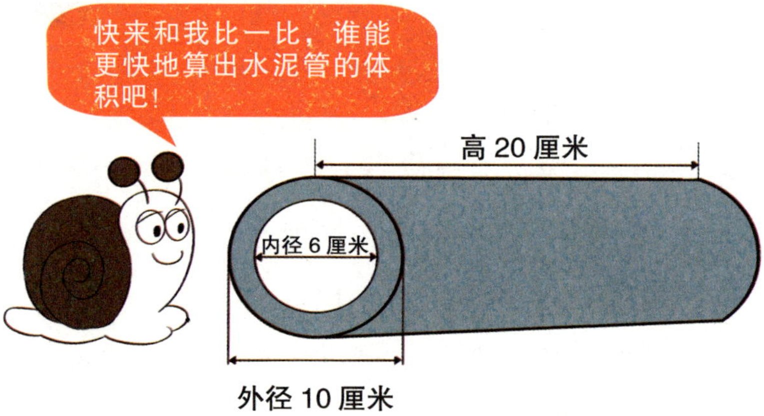

16. 爱动脑的聪聪

聪聪特别喜欢研究数学难题。有一天，他在一本书上看到了这样一道题目：“有一个饮料瓶，底面的直径是 8 厘米，瓶里装了一些水，水的高度是 7 厘米。如果把瓶子倒过来，瓶口在下，瓶底在上，瓶中没有水的部分的高度是 18 厘米。那么，饮料瓶的体积是多少呢？”

聪聪觉得这道题的题目很有意思，可他想了半天，都不知道该如何入手解题。虽然他知道圆柱的体积如何计算，可饮料瓶是不规则的圆柱，上面还有一段细长的瓶颈呢，这该怎么计算啊？

为了找到思路，聪聪去厨房找来两个空可乐瓶，给瓶中加入相同高度的水，再把其中一瓶倒过来，然后仔细观察瓶中水的高度变化，再和另一瓶水作比较。突然间，他惊喜地叫道："哈哈，我找到解这道题的关键了！"

接下来，他按照自己的想法解题，很快就求出了饮料瓶的体积。那么，你知道聪聪是怎么做的吗？

知识点

不规则圆柱的体积

看到不规则的圆柱，我们可能会像聪聪一样，觉得非常茫然，不知道如何下手去求体积。可事实上，如果能够换个角度思考，我们就会发现，这个问题的解决方法其实非常简单。

我们不妨学习聪聪的做法，去找两个瓶子观察一下，就会发现虽然瓶子倒过来后水的高度产生了变化，但水的体积并没有发生改变。而瓶子总的体积是一定的，瓶中没有水的那部分的体积（用 $V_{空}=V_{瓶}-V_{水}$ 来计算）也应当是一定的。

因此，我们可以先求出倒置瓶子中没有水的部分的体积，根据圆柱的体

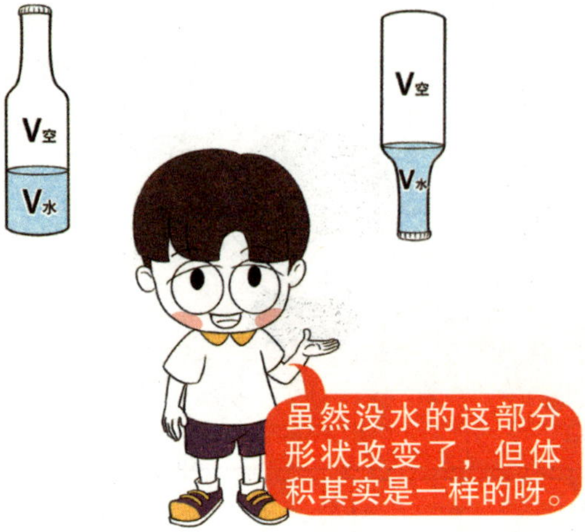

积公式 $V=Sh=\pi r^2h$，可得瓶中没有水的体积为 $3.14\times(8\div2)^2\times18=904.32$ 立方厘米；接下来求出正放时瓶子中水的体积，即 $3.14\times(8\div2)^2\times7=351.68$ 立方厘米。

将这两个部分的体积相加，我们就能算出瓶子的总体积是 1256 立方厘米。

延伸思考

巧求不规则物体的体积

这个故事也提醒了我们，在生活中如果需要求出不规则物体的体积或容积，我们可以先想办法将它转化为规则的、容易计算的物体。

这一点，大科学家阿基米德早就给我们作出了示范：有位国王怀疑自己的王冠不是纯金的，而是被工匠掺入了其他金属，便请阿基米德帮忙鉴定一下。在鉴定的过程中，阿基米德需要求出王冠的体积，于是他将王冠放入装满水的容器中，算出溢出水的体积，就是王冠的体积。

我们也可以试试这种办法，比如想要求一个西红柿的体积，可以先准备一个圆柱形的大玻璃杯，在杯里倒入一定高度的水，再放入西红柿，记下水面上升的高度，然后通过圆柱体积的计算公式算出上升的这部分水的体积，就得到了西红柿的体积。

太有意思了！生活中的数学

日常故事 | 萌趣漫画 | 数学原理 | 拓展阅读

带着孩子玩转数学·让孩子爱上数学

彩虹糖童书馆
Rainbow Candy Kids' Book House

全案策划：杨丽丽
责任编辑：张世昌
执行编辑：秦锦霞
封面设计：装帧設計 Mobile:13693001197

上架建议：少儿科普
ISBN 978-7-5165-3398-7
9 787516 533987 >
定价：150.00元（全6册）

每个孩子都需要的趣味数学科普

太有意思了！生活中的数学

6 图形篇

汤　伟◎编著

激发兴趣 | 活学活用

航空工业出版社

太有意思了！生活中的数学

图形篇

汤　伟◎编著

航空工业出版社
北　京

内容提要

本书是一套专门为小学生定制的趣味数学读物，从家庭、校园和社会生活出发，让孩子体会到生活中处处有数学。全书共6册，分为运算篇、逻辑篇、测量篇、统计篇、应用篇、图形篇，结合生活实际，以故事的形式，将数学知识融入日常生活，再辅助趣味讲解，把枯燥的知识生活化、趣味化，从而打破孩子认为数学“枯燥、乏味”的刻板印象，培养学习兴趣、锻炼逻辑思维，让孩子轻松爱上数学。

图书在版编目（CIP）数据

太有意思了！生活中的数学．图形篇 / 汤伟编著．-- 北京 ：航空工业出版社，2023.8

ISBN 978-7-5165-3398-7

Ⅰ．①太… Ⅱ．①汤… Ⅲ．①数学－青少年读物 Ⅳ．① 01-49

中国国家版本馆 CIP 数据核字（2023）第 117611 号

太有意思了！生活中的数学・图形篇

Tai Youyisi le!Shenghuozhong de Shuxue.Tuxing Pian

航空工业出版社出版发行

（北京市朝阳区京顺路 5 号曙光大厦 C 座四层　100028）

发行部电话：010-85672688　010-85672689

三河市越阳印务有限公司印刷　　全国各地新华书店经售

2023 年 8 月第 1 版　　2023 年 8 月第 1 次印刷

开本：787×1092　1/16　　字数：50 千字

印张：3.5　　定价：150.00 元（全 6 册）

Preface

前言

对于很多孩子来说，数学意味着一条条难记的公式、一堆堆理不清的数字、一个个让人脑仁都疼的抽象思维和逻辑。可事实上，只要改变认知的方法，学习数学也可以很有意思。

在我们的日常生活中，小到烙几块饼、种一棵树、调一次闹钟，大到外出旅行、投资理财、安排工程……无不渗透着数学逻辑思维。

车轮为什么是圆形的？饮料瓶为什么是圆柱形的？小蜜蜂为什么要把自己的家做成正六边形……生活中各种各样或简单、或复杂的图形也和数学有着千丝万缕的关系。

在每学期考试后，老师需要运用统计学知识来计算班级学生成绩的平均分、及格率；当零食不够的时候，孩子们会用抽签的方式来分配，总有“倒霉蛋”在“概率”的作用下分不到零食……“统计”“概率”“图表”这些抽象的概念，一旦运用到生活中，是不是也没那么难了？

数学从来都不是冷冰冰的公式和定理，也绝非拒人于千里之外的证明和推导。我们身边许多地方都有数学的身影，而它的魅力就在于能帮助我们解决许多实际生活中的难题。

这套书不是板着面孔讲数学，而是将生活中经常遇到的问题故事化，然后归纳总结为一个个的数学问题，并通过生动活泼的文字、幽默诙谐的漫画及贴近生活的例子，带领孩子们边玩边分析、边解答。

相信孩子们看完这套书，一定能慢慢地消除对数学“枯燥、乏味”的刻板印象，培养学习乐趣和逻辑思维能力，从而轻松地爱上数学，成为学习和生活中的数学小能手。

Contents

目录

01 形状各异的平面图形

1. 走直路还是走弯路 / 2

【知识点】线段、直线和曲线的特点

2. 强光手电可以照多远 / 5

【知识点】点、射线的特点

3. 钟面上的“游戏” / 8

【知识点】角的种类和大小

4. 马路上为什么要有“车道线” / 11

【知识点】生活中的平行线

5. 裁判员如何测量跳远成绩 / 14

【知识点】垂直的性质

6. 自行车为什么不会“散架” / 17

【知识点】三角形与三角形的稳定性

7. “升降机”的奥秘 / 20

【知识点】四边形与平行四边形

02

身边那些奇怪的图案

8. 精彩的剪纸大赛 / 26

【知识点】轴对称图形

9. 风车是怎么“转”起来的 / 29

【知识点】中心对称图形

10. 巧妙利用空间 / 32

【知识点】图形的平移

11. 小蜜蜂的“家”是什么形状 / 35

【知识点】正六边形的特点

03

有趣的立体图形

12. 魔方由几个正方体组成 / 40

【知识点】正方体的特点

13. 为什么长方体垃圾桶不容易滚动 / 42

【知识点】长方体的特点

14. 为什么三棱镜能折射出彩虹 / 45

【知识点】棱柱的特点

15. 饮料瓶为什么要做成圆柱形 / 48

【知识点】圆柱的特点

Part 1

第一部分

形状各异的平面图形

1. 走直路还是走弯路

周末，小俊约莎莎、晶晶去参观科技馆。到了地铁站后，他们发现有三条路线通往科技馆站。紧接着，三人产生了分歧，原因是他们各选了一条路。

莎莎选了 1 号线，这是一条带拐角的路。晶晶选了 2 号线，这是一条弯曲的路。小俊选了 3 号线，这是一条直路。他们都认为自己选的路线是最近的，然而争执了大半天，谁也没有说服谁。

晶晶提议说：“这三条路线中途都没有停靠站，并且地铁的速度是相同的。所以，我们各走各的，看谁先到达终点。”

莎莎、小俊都举双手赞同。

最终，第一个到达终点的是小俊，第二个到达终点的是莎莎。他们两个人等了好久，才见到姗姗来迟的晶晶。

莎莎和晶晶好奇地问小俊：“你为什么肯定你选择的路是最近的呢？”

知识点

线段、直线和曲线的特点

用两只手将一根线拉直，就得到了一条**线段**。像弓弦、绷直的鞋带、铅笔、筷子等，都是线段。线段有哪些特点呢？线段是直的，有两个端点，两端不能无限延伸，所以线段是能够度量的。

在上述三条路线中，为什么小俊选择的直路是最短路线呢？因为**“两点之间线段最短”**，这是线段的一个重要公理。

在平面内，两点之间有线段和曲线两种状态，而曲线的长度是大于线段的。在线段两个端点之间的曲线上任意取一点，将这点与两个端点连接，就会与线段形成一个三角形，三角形的两边之和大于第三边。所以，在起点相同、终点相同的条件下，线段是最短的。所以当我们从一个地点到另外一个地点时，走线段是最近的。

将一条线段向它的两端无限延伸，得到的图形就叫作**直线**。直线是直的，没有端点，两端能够无限延伸，所以**直线是不可度量的**。在我们的生活中，没有绝对的直线。

曲线有规则曲线和不规则曲线之分。曲线具备了直线的部分特点，比如没有端点。曲线与直线最大的不同是，曲线是弯曲的。

延伸思考

分情况讨论点与直线的关系

在同一平面内，过一点可以画无数条直线，过两点只能画一条直线。如果同一平面内有四个点，经过两点画一条直线，能画多少条呢？

这个问题没有明确四个点的具体位置，那么就有多个答案，需要分情况讨论。第一种情况：当四个点在同一条直线上时，只能画 1 条直线；第二种情况：当三个点在同一条直线上时，可以画 4 条直线；第三种情况：当两个点在同一条直线上时，可以画 6 条直线。

解决这类问题的关键，就是分情况讨论点的位置情况。

2. 强光手电可以照多远

晚上，苗苗住的小区停电了，她赶紧拿出家里唯一的强光手电筒。这时，爸爸接到公司打来的电话，让他临时加个班。苗苗想到小区里漆黑一片，就体贴地对爸爸说："爸爸，等你下楼后，我用手电筒照着你出小区！"

爸爸出门后，苗苗跑去阳台。妈妈不放心，就陪着她一起去了阳台。

苗苗打开手电筒向楼下照去，没一会儿就看到了爸爸的身影。她用手电筒的光将爸爸笼罩着，爸爸每往前走一步，她就将手电筒的光往前移一点。然而还没等爸爸走出小区，她手电筒的光就照不到爸爸了。

苗苗懊恼地说："这个手电筒太差劲了，照得一点也不远。"

妈妈听后，笑着说："从理论上说，光是可以无限传播的，就像射线一样。"

苗苗满脸疑惑："什么是射线？为什么我的手电筒就照不远呢？"

知识点

点、射线的特点

在数学中，点是最简单、最基本的图形，所有几何图形都是由点构成的。

射线是指由线段的一端无限延长所形成的图形。在生活中，射线十分常见，比如手电筒发射出的光线、汽车灯光，等等。

射线是一条直的线，有一个端点、一个方向，比如手电筒发出的光线，我们将手电筒对准哪个方向，光线就往哪个方向射去，并且这条光线是笔直的；**射线没有端点的一边可以无限延伸，不可以被度量**，比如太阳光，太阳距离地球很远，但太阳光依旧能传播到地球上，甚至能传播到太阳系之外。

从科学的角度来说，光的确能像射线一样无限传播，但有一个前提，必须是在真空中传播。在现实生活中，我们的强光手电筒照不远，是因为它的光束是在空气中传播的，空气中有太多漂浮颗粒，会干扰或阻断光的传播。

延伸思考

射线的判断

在射线问题中，最常见的问题是画射线和计算射线的数量。比如过平面内一点，可以画多少条射线？过平面内两点，可以画多少条射线？

根据射线的特点，我们就能解决这些问题。射线有一个端点，并向一个方向无限延伸。那么，在同一平面内，过一点可以画无数条射线，过两点可以画 2 条射线。我们假设同一平面内两点分别为 A 点和 B 点，一条是以 A 点为端点经过 B 点的射线，另一条是以 B 点为端点经过 A 点的射线。

又比如有一条直线（如下图所示），在这条直线上任意取三个点，一共有多少条射线呢？

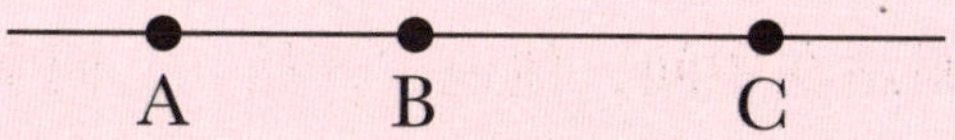

我们需要知道，两条端点相同，延伸方向不同的射线，是两条不同的射线。比如在一条直线上任意取一点，就是两条射线；两条端点相同，延伸方向也相同的射线，是同一条射线。根据这些特征，可以计算出上述问题共有 6 条射线，分别是每个点分成的两条射线。

3. 钟面上的“游戏”

操场上，四（1）班的同学们玩着《老狼来了》的追逐游戏。几番下来，众人累得气喘吁吁，纷纷不想玩了。

这时，班长想到了一个新游戏，他对同学们说：“这个游戏叫‘钟面游戏’。我们先选一个人蒙着眼睛站在中间，面朝 12 点钟方向，其余的人围成一个大圈。当蒙着眼的人发出‘开始’的指令，围成圈的人快速传递手帕。蒙着眼的人说‘停’，手帕停止传递。到时候，手帕在谁的手上，谁就要说出自己的位置在几点钟的方向。如果蒙着眼的人能正确找到拿手帕的人，两人就交换位置，如果不能找出，那就继续游戏。”

同学们觉得很有趣，都参与了游戏。

班长率先蒙着眼站在中间，他说“开始”，同学们手忙脚乱地传递起手帕。没一会儿，他又说“停”。

拿着手帕的同学说：“我在 4 点钟的方向。”

班长转动身体后往前走去，一下就找出了拿着手帕的同学。可是，当轮到这名同学找人时，他却怎么也找不准。就在他懊恼不已时，班长笑着说：“玩这个游戏是有技巧的，要根据时间判断出角的大小，再根据角的大小去找人。”

小朋友，你知道什么是“角”吗？

知识点

角的种类和大小

在生活中，你见过哪些“角”呢？比如钟面上分针、时针、秒针相互形成的夹角，打开的剪刀，五星红旗中的五角星等等。

所以，**角**指的是由一点引出的两条射线组成的图形。我们将这两条射线叫作**角的边**，公共端点叫作**角的顶点**。在数学中，用符号“∠”来表示角。

在生活中，当太阳从东方升起时，太阳光和地平面会形成一个夹角，这个夹角叫作太阳高度角。一天中，太阳高度角是不断变化的，物体影子的长短也会随太阳高度角的变化而变化。当太阳高度角越大时，物体的影子就越短；当太阳高度角越小时，物体的影子就越长。仔细观察会发现，角的大小与两条边张开的程度有关，与边的长短无关。所以角的两条边张开的幅度越大，角就越大。相反，角的两条边张开的幅度

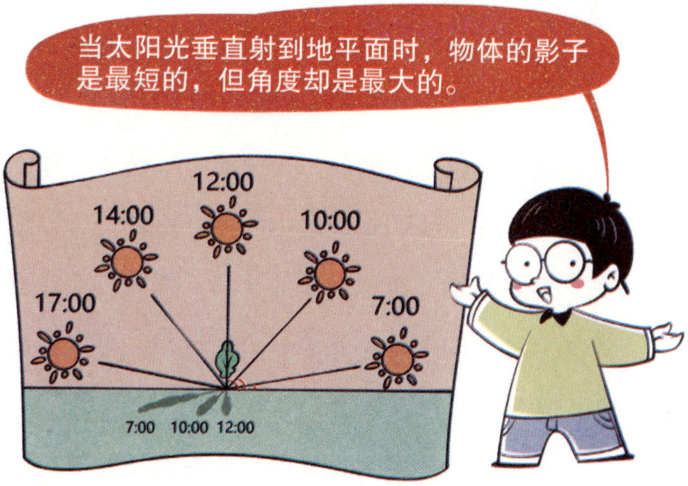

越小，角就越小。

角的大小也可以度量。我们将圆平均分成 360 份，将其中 1 份对应的角作为度量角的单位，记作 1°。在实际应用中，我们可以用量角器测量角的度数。

根据角的大小，可以对角进行分类：

我们将大于 0° 小于 90° 的角叫作**锐角**，比如打开的剪刀（使用时）就是一个锐角；将等于 90° 的角叫作**直角**，比如课本、黑板的平面都有四个直角；将大于 90° 小于 180° 的角叫作**钝角**，比如完全打开的折扇就是一个钝角；将等于 180° 的角叫作**平角**，比如地面、桌面就是一个平角；将等于 360° 的角叫作**周角**，比如圆就有一个周角。

角与角之间的等量关系为：1 个周角 = 2 个平角 = 4 个直角。

延伸思考

角的度数之和

在角的问题中，我们会遇到求角的度数之和的问题。比如有一个直角，平均分成了 5 份，请问所有角的度数之和是多少呢？

在解决这个问题时，要先数出有多少个角。我们要按照顺序去数角，确保不会数漏。我们先从最小的角开始数，可以数出 5 个角；再将两个小角算作一个角地数，可以数出 4 个角；再将三个小角算一个角地数，可以数出 3 个角；再将四个小角算作一个角地数，可以数出 2 个角；再将五个小角算作一个角地数，可以数出 1 个角。

在计算角的度数之和时，要注意我们数角时是按照将几个小角算作一个大角的方式去数的，所以不能按照小角的度数去计算角的度数之和。

在这个问题中，直角被平均分成了 5 份，用 90° 除以 5，得到每个最小角为 18°。那么，最小的角有 5 个，度数之和为 18° ×5=90°；由两个小角组成的角有 4 个，度数之和为 2×18° ×4=144°；由三个小角组成的角有 3 个，度数之和为 3×18° ×3=162°；由四个小角组成的角有 2 个，度数之和为 4×18° ×2=144°；由五个小角组成的角有 1 个，度数之和为 5×18° =90°。将这些角的度数之和相加，即 90° +144° +162° +144° +90° =630°，所以问题中的角度的总和为 630°。

4. 马路上为什么要有“车道线”

周末，朵朵一家与沐沐一家结伴去游玩，两家各开一辆汽车。

朵朵的爸爸是个老司机，他开进了快车道，一下子将沐沐家的车甩在了后面。沐沐的爸爸是个新手司机，他在慢车道里压着最低时速行驶。

沐沐是个急性子，他焦急地说：“爸爸，你开快点呀，我们落后他们一大截了。”

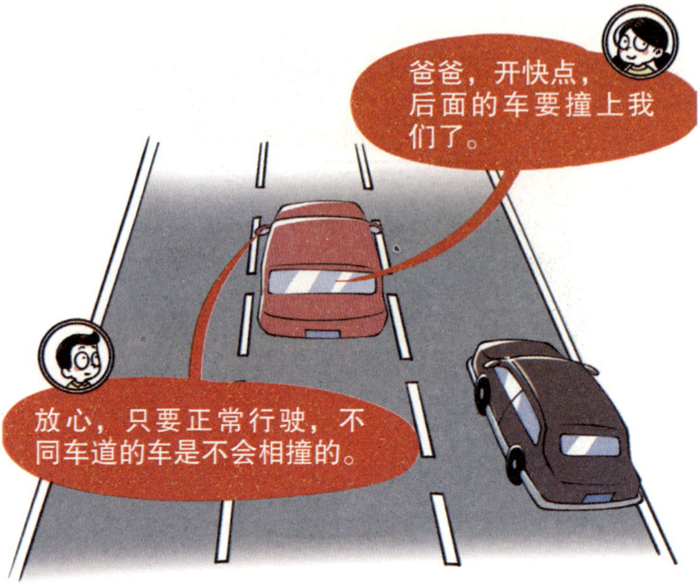

沐沐爸爸听后，将车开到了中间车道。他见路况良好，又将车速提了上来。

沐沐看见朵朵家的车就在前方，慌慌张张地说：“爸爸，开慢点开慢点，我们快要撞上他们的车了！”

沐沐爸爸不以为意地说：“不会不会，两辆车不在一个车道上行驶呢！”

沐沐好奇地问爸爸：“你怎么确定不会撞到呢？”

爸爸笑着解释：“马路上的车道线是一条条平行线，能够起到防止不同车道内的车发生碰撞的作用。”

沐沐看向马路上的车道线，一脸疑惑：“什么是平行线呢？”

知识点

生活中的平行线

在很久以前，我们的马路上没有车道，这就致使车、马、行人混行，城市里频频发生交通堵塞和交通事故。尤其是随着汽车的发明，城市里的交通更加复杂了。后来，人们用平行线在马路上画出了一条条车道。

只要车子在各自的车道内行驶，不同车道内的车就不会发生碰撞。

马路上的车道线是一条条平行线。在数学中，**平行线**指的是在同一平面内永不相交的两条直线。这两条直线相互平行，其中一条直线是另外一条直线的平行线。**不管平行线的两条直线如何延伸，两条直线之间的距离都是相等的**。

在生活中，你还见过哪些平行线呢？比如纸币的两组对边是相互平行的，火车的两条轨道互相平行，还有竞技体操项目之一的双杠，其两条杠也是相互平行的，等等。由此可见，平行线在生活中真是随处可见呢！

延伸思考

如何判断两条直线是平行线

如何判定两条直线相互平行呢？

我们都知道，在同一平面内，两条直线的关系只有两种，一种是相交，一种是平行。那么，在同一平面内，两条永不相交的直线互相平行。

我们画出三条直线，直线 a 平行于直线 c，直线 b 平行于直线 c，那么直线 a 与直线 b 必然是平行关系。比如游泳馆内的泳道，第一泳道和第二泳道是平行的，第二泳道和第三泳道是平行的，那么第一泳道也一定与第三泳道

平行，这样才能保证在不同泳道内游泳的人不会发生碰撞。所以，在同一平面内，平行于同一条直线的两条直线互相平行。

此外，在同一平面内，垂直于同一条直线的两条直线互相平行。简单说，就是在一条直线上作一条垂线，如果这条垂线垂直于两条直线，那么这两条直线互相平行。比如书柜，我们想要判定书柜的每一层是否相互平行，可以作一条书柜的垂线，如果每层都与垂线垂直，那么每层都是相互平行的。

5. 裁判员如何测量跳远成绩

体育课上，老师组织四（2）班的同学们立定跳远，并让体育委员小壮当他的小助手。小壮负责测量同学们跳远的距离，老师记录同学们的成绩。

第一个上场的是爱打篮球的小健，他的弹跳力非常棒。做了几组发力的动作后，他从起跳点猛地向前一跳，双脚稳稳落地。

小壮用卷尺测量起跳点到小健落地点的距离，这时卷尺正好是垂直于起跳线的。测好距离后，他大声地报出了小健的成绩。

第二个上场的是班里的大高个卡卡，他站在小健起跳的位置猛地往前一跃，但却稍稍跳偏了些，跳到了和小健差不多远的位置。

同学们纷纷议论卡卡的成绩能不能超越小健。

小壮测量卡卡的跳远成绩时，直接用卷尺把卡卡的起跳点和落地点连起来测量。他测量好后，大声地报出了卡卡的成绩，没想到比小健多了几厘米。

这时，老师突然对小壮说："裁判员可不是像你那样测量跳远成绩的。"

小壮脸上满是疑惑："我测量错了吗？裁判员是怎么测量的呢？"

知识点

垂直的性质

在跳远比赛中，标准的测量方法是测量运动员的落地点到起跳线的垂直距离，其中落地点为运动员脚后跟的位置。

在上述跳远比赛中，小壮测量的是小健的落地点到起跳线的垂直距

离，符合测量标准。但是，在测量卡卡的成绩时，小壮测量的是卡卡的起跳点到落地点的距离，且这个距离不垂直于起跳线，不符合测量标准。

垂直是指两条直线相交后形成直角，我们称这两条直线相互垂直，其中一条直线是另一条直线的**垂线**，两条直线的交点叫作**垂足**。

如果我们在一条直线 *a* 外选择任意一个点，经过这个点有且只有一条直线与直线 *a* 垂直。比如我们要挖一条连接长江的人工河，当选好起点后，有多条通向长江的路线，但是有且只有一条路线是与江岸线垂直的。

因此，我们在一条直线外选择一个点，将这个点和直线上的任意一点连接，垂线段是最短的。所以在跳远比赛上，测量运动员的落脚点到起跳线的垂直距离才是最公平的。

延伸思考

垂直的运用

你知道吗？“垂直”被广泛应用于生活中。比如建一座高楼大厦，怎样才能确保高楼是垂直于地面的呢？

这个时候，可以运用垂直的“在同一平面内，过一点有且只有一条直线与已知直线垂直”的性质去解决问题。我们将地基线当作一条直线，在建造外墙的时候，用一根铅垂线去垂直水平地基线。沿着铅垂线建造外墙，那么整栋楼都将垂直于地面。

又比如在河面上建一座桥梁，当桥梁垂直于两边的河岸线时，会大大节省建材，这是因为“垂线段最短”。

6. 自行车为什么不会“散架”

放暑假了，妈妈送阳阳回乡下的爷爷家小住。因为乡间小路狭窄，汽车无法行驶，爷爷便骑着他的自行车去村口接阳阳。

阳阳看到爷爷骑的自行车后，一脸惊叹：“爷爷，您骑了一辆古董自行车！”

原来呀，爷爷骑的这辆自行车是几十年前的老款式，它最大的特点

就是车头和车座之间连接着一根大杠，这根大杠与下方的两根杠构成了一个三角形。

这时，爷爷将阳阳的行李箱绑在了自行车的后座上。阳阳围着自行车转了一圈后，困惑地说：“这辆自行车只有一个后座，您将行李箱放在后座的话，我就没地方坐了。”

爷爷拍了拍自行车上的大杠，笑着说：“你可以坐在这里。”

阳阳满脸不可思议：“我这么重，会把您的自行车坐散架的！”

爷爷不以为然，他一边将阳阳抱坐在大扛上，一边说：“放心好了，我的自行车可牢固了，绝对不会散架！”

你知道爷爷为什么笃定他的自行车不会散架吗？

知识点

三角形与三角形的稳定性

由三条线段组成，并且相邻两条线段的端点都是相连的，我们将这样的封闭图形叫作**三角形**。这 3 条线段叫作**三角形的边**，并且**任意两边之和大于第三边**，而相邻两条线段相连的端点叫作**三角形的顶点**。

三角形有 3 个顶点，3 个角。从三角形的一个顶点到它的对边作一条垂线，顶点和垂足之间的线段叫作**三角形的高**，这条对边叫作**三角形的底**，一个三角形可以有 3 条高。**三角形的内角和是 180°**，已知其中两个内角的度数，就能求出第三个内角的度数。

在生活中，小到衣架、风筝、自行车车架、手机支架等，大到船的风帆、埃及金字塔、埃菲尔铁塔、大桥上的吊索等，都有三角形的影子。为什么三角形被频繁地运用到制造业和建筑当中呢？这是因为三角形具有稳定性。

之前说过，角的大小取决于两条边的张开程度，所以我们能随意调整这个角的大小。在这个角的两条边上各取一点连起来，就得到了一个三角形。这个角的两条边被固定了，继而角的大小也被固定。因为第三条边是不可伸缩、弯折的，所以第三条边与另外两条边的夹角也被固定了。

延伸思考

三角形的分类

三角形的种类有很多，按照三角形内角的大小去分类，可分为直角三角形、锐角三角形和钝角三角形。其中，直角三角形中有一个角为直角，其余两个角为锐角；锐角三角形中三个角都为锐角；钝角三角形中有一个角为钝角，其余两个角为锐角。

此外，还可以按照三角形的边长关系去分类，按这种方式可分为不等边三角形、等腰三角形和等边三角形。

不等边三角形的三条边都不相等；等腰三角形有两条边相等，且相等的两条边被称为三角形的腰，剩下的那条边叫作三角形的底。等腰三角形的腰与底边的夹角为三角形的底角，它们大小相等；等边三角形又称“正三角形”，它的三条边相等，三个内角相等且都为60°。

7. “升降机”的奥秘

冬冬午休时，隐约听到窗外传来凄惨的猫叫声。他推开窗户寻声看去，发现三楼天井的露台上蜷缩着一只猫。小猫的处境很危险，一不小心就会掉下去。冬冬赶紧将这个消息告诉了爸爸，希望爸爸能想到解救小猫的好办法。

爸爸果然想到了好主意：“我看到小区里有升降机在作业，我去找他们帮忙。”

爸爸火急火燎地搬救兵去了，冬冬心里却有了疑惑：“什么是升降机呢？”

没一会儿，楼下开来了一辆车。冬冬发现车上装着一个围着护栏的平台，平台里站着一位工人叔叔。忽然，车上的平台缓缓抬升了起来，直到三楼天台的高度才停下。工人叔叔轻轻松松地救下了小猫，平台也一点点降到了原来的高度。

“原来这就是升降机啊！”冬冬恍然大悟。

等爸爸回家后，冬冬又有了新的问题：“爸爸，升降机为什么能升能降呢？”

爸爸笑着说：“这是因为升降机是根据平行四边形不稳定的特性发明出来的。”

知识点

四边形与平行四边形

由在同一平面，不在同一直线上的四条线段首尾顺次相接围成的封闭平面图形叫作**四边形**。

其中，我们将同一平面内由两组对边分别平行且相等的四边形，叫作**平行四边形**。

平行四边形有 4 条边，从一条边上的一点向对边作一条垂线，这一点与垂足之间的线段叫作**平行四边形的高**，垂足所在的边叫作**平行四边形的底**，一个平行四边形可以有无数条高。

平行四边形有 4 个内角，连接其中一组对角，可以得到 2 个三角形。因为三角形的内角和是 180° ，所以平行四边形的内角和为 360°。

当四边形的边长固定时，内角大小是不固定的，所以形状不能确定，也就是我们所知的四边形的不稳定性。也正是因为**四边形不稳定的特性**，才发明出了可以随意升降的升降机。

通常，升降机被用于高空救援或高空装修当中。升降机不作业时，它呈现出一个折叠紧缩的状态，作业时，折叠的部分会缓缓向上撑开。仔细观察会发现，升降机在伸缩时支架是呈平行四边形状态的。

延伸思考

平行四边形的应用

在生活中，平行四边形的应用比较广泛，比如铺设在地面、墙面的砖块绝大多数是平行四边形的形状。这里需要注意，像长方形、正方形、菱形都是特殊的平行四边形，因为它们都具备了平行四边形的特性。

人们常用平行四边形的砖块铺设地面、墙面主要有两大原因：一是平行四边形大方美观；二是平行四边形相邻的两个角互为补角，且对边相等，能够无缝隙、无重叠的密铺，可以达到节省成本的目的。

又比如伸缩式晾衣架、折叠椅等，都是根据平行四边形的不稳定性设计的，这类生活用品能够收拢，可以腾出更多的空间。

Part 2

第二部分

身边那些奇怪的图案

8. 精彩的剪纸大赛

春节将至，幸福小区为孩子们举办了一场剪纸大赛。喜欢凑热闹的多多毫不犹豫地参加了比赛。

多多从来没有接触过剪纸。他心想：“我先剪一些简单的图形，再剪复杂的图案。”他剪的第一个图案是等腰三角形。然而，他剪完后，发现三角形的三条边长短不一。他又试了几次，每次都剪不好。

一旁的小伙伴说：“等腰三角形是轴对称图形。你把纸对折，像这样剪两下就能剪出一个标准的等腰三角形了。”

多多照着去做，果然剪出了一个完美的等腰三角形。他也发现了剪纸的奥秘：将纸对折的折痕就是轴对称图形的对称轴。

这之后，多多想出了许多轴对称图形，也剪出了很多，取得了一个不错的名次。

那你知道什么是轴对称图形吗？你还知道哪些轴对称图形呢？

知识点

轴对称图形

在同一平面内，将一个图形沿着一条直线折叠，如果直线两边的部分能够完全重合，这个图形就是**轴对称图形**。其中，直线是这个图形的**对称轴**，对称轴两侧的对应点叫作**对称点**，对称点到对称轴上任意一点的距离是相等的。

有哪些图形是轴对称图形呢？比如线段、角、等腰三角形、等边三角形、圆形、矩形、菱形、等腰梯形等，都是轴对称图形。

在生活中，轴对称的应用也很广泛。

首先，轴对称图形具有美观性，像故宫、人民大会堂、孔府等知名建筑，都是对称性建筑，给人一种对称之美。

其次，轴对称图形具有平衡性，比如飞机的两翼被设计成对称的形状，因为两个一模一样的机翼产生的气流速度、压力是一样的，能够使飞机保持平衡。

只要留心观察身边的事物，你会发现轴对称图形无处不在。

延伸思考

常见的轴对称图形的对称轴

有些轴对称图形的对称轴不止一条。

比如线段有 2 条对称轴：一条对称轴与线段重合，另外一条对称轴垂直于线段且经过其中点。因为线段的两个端点是线段的对称点，对称点到对称轴上同一点的距离是相等的，过线段中点画这条线段的垂线，这条垂直线就是线段的对称轴。

在生活中，我们会看到一些三角形的警示标志，这些三角形的边长是相等的，所以为等边三角形。等边三角形有 3 条对称轴。等边三角形的 3 个顶点都在对称轴上，底边的中点也都在对称轴上，过顶点和底边中点画 3 条直线，这 3 条直线就是等边三角形的对称轴。

长方形有 2 条对称轴。过每组对边的中点分别画一条直线，就能得到这 2 条对称轴。

正方形有 4 条对称轴。其中 2 条对称轴是正方形的 2 条对角线，剩余 2 条对称轴是过两组对边中点的直线。

圆形有无数条对称轴。过圆心的任意一条直线都是它的对称轴。

关于其他轴对称图形，该怎么画出它的对称轴呢？我们可以按照三个步骤去画：第一步，找出图形中的一组对称点；第二步，将这组对称点连接，得到一条线段；第三步，过这条线段的中点作一条垂线，这条垂线就是该图形的对称轴。

9. 风车是怎么“转”起来的

六一儿童节快到了，四（1）班的同学们折了许多五颜六色的风车装饰班级的外墙。每当微风吹过，大大小小的风车就“哗哗”地转动起来，好看极了。

皮皮指着他折的风车，一脸困惑地问同学：“你们折的风车都在转，为什么我折的风车转不起来呢？”

红红只看了一眼风车，就发现了问题所在：“我们折的风车的叶子是顺着同一个方向折叠的，而你折的风车的叶子是按照一顺一逆的方向折叠的。”

当皮皮顺着同一个方向重新折叠好风车叶子后，风车就“哗哗”地转了起来。皮皮又好奇地问：“风车是怎么转起来的呢？”

博学的班长说：“因为风车是中心对称图形呀！”

皮皮摸了摸脑袋，又问：“什么是中心对称图形呢？”

知识点

中心对称图形

在生活中，除了风车外，像摩天轮、车轮等，都可以看作是中心对称图形。所以，**中心对称图形**指的是，在同一平面内，将一个图形围绕一个点旋转 180°，旋转后的图形与原来的图形能够重合的图形。

其中，“一个点”是中心对称图形的**对称中心**。旋转 180° 后，能够重合的两个点叫作中心对称图形的**对称点**。

我们在判断一个图形是否是中心对称图形时，要抓住三个要素：第一，这个图形有对称中心；第二，这个图形围绕对称中心旋转 180°；第三，旋转后的图形能与原图形重合。当三个要素都符合时，这个图形一定是中心对称图形。

风车能够转起来，正是因为具有中心对称的特性。因为，风车的风叶顺着同一个方向折叠时，当风吹过风叶，风叶会得到一个转向力，继而使得风车转动起来。风叶得到的转向力越大，风车转动的速度就越快。

延伸思考

常见的中心·对称图形

像线段、长方形、菱形、正方形、圆等图形既是轴对称图形，也是中心对称图形。线段的对称中心是线段的中点；长方形、菱形、正方形的对称中心是两条对角线的交点；圆的对称中心是圆心。

这里需要注意：轴对称图形不一定是中心对称图形，比如等边三角形、等腰梯形等；中心对称图形也不一定是轴对称图形，比如平行四边形。此外，边数为偶数的正多边形是中心对称图形，它的中心就是对称中心。边数为奇数的正多边形不是中心对称图形。

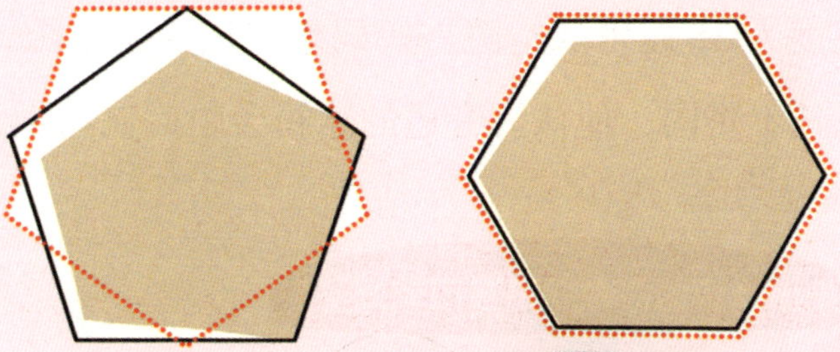

中心对称图形的应用很广泛，它不仅应用于生活用品中，还应用于图标设计当中。首先，中心对称图形都很美，它们的美从古至今都被认同，比如八卦图、四角星、六角形等，都是典型的中心对称图形；其次，中心对称图形具有稳定性，小到钟表的齿轮、车轮、风扇叶，大到轮船的螺旋桨、发电风车等，都是根据这一特性设计出来的。

10. 巧妙利用空间

早晨，笑笑被一阵争吵声吵醒。她走出卧室，看见爸爸妈妈在厨房里争得面红耳赤。

妈妈一脸强硬地说：“我要在这里放一个储物柜！”

爸爸极力反对：“这个位置太小了，就算放得下储物柜，柜门也打不开呀！”

原来，笑笑家重新装修了厨房。厨房门边放了一台冰箱后，还留下了宽度为 35 厘米的空隙。妈妈想利用这个空隙，放一个储物柜进去。可是爸爸不赞同，他认为旁边的冰箱会阻碍储物柜开关门。

笑笑走进厨房后，观察了一番空隙，说：“你们不要吵了，我有一个两全其美的好办法。”

爸爸妈妈异口同声地问：“什么好办法呢？”

笑笑说：“我们把储物柜的门做成平移门，这样空间既利用上了，冰箱也不会妨碍开储物柜的门了。”

知识点

图形的平移

生活中的平移现象有很多，比如电梯运行、升国旗、推拉抽屉、开关门窗等。

在同一平面内，将一个图形上的所有点按照直线向某个方向作相同距离的移动，这个过程叫作图形的平移运动，简称**平移**。

你发现了吗？物体在平移的过程中，形状、大小没有发生改变，只有位置发生了变化，所以平移是由平移的方向、距离决定的。**平移前与平移后的两个图形是全等的，所以它们的对应线段、对应角、对应点都是相等的**。其中，对应线段平行且相等，将对应点连接，得到的线段也是平行且相等的。

我们在将图形平移时，要按四个步骤进行：第一步，找出原图形的关键点，比如顶点或端点；第二步，确定平移的方向，使每一个关键点的平移方向都一致；第三步，确定平移的距离，每一个关键点都要按照相同的距离去平移；第四步，依次连接平移后的各个关键点，得到平移后的图形。

延伸思考

平移在日常生活中的应用

在生活中，平移除了能帮助我们节省空间，还能将许多复杂的问题简单化。

比如有一所酒店，准备给大厅的楼梯铺设红地毯。现在工作人员只知道楼梯的宽度为 3 米，还有 1 张标注着尺寸的楼梯的侧面图（如下图所示）。已知红地毯每平方米的售价为 40 元，那么购买地毯至少需要多少元？

这个问题乍一看很难计算出楼梯的长度，但是将楼梯进行平移，问题就变简单了。结合图形，我们把楼梯横着的部分向下平移，竖着的部分向左平移，那么地毯的总长度为 3+6=9 米。地毯为矩形，矩形的面积 = 长 × 宽，所以地毯的面积为 9 × 3=27 平方米，因此买地毯至少需要 27 × 40=1080 元。

解决这类问题的关键就是将不规则的图形，通过平移变成规则的图形。

11. 小蜜蜂的“家”是什么形状

这天，妈妈带婷婷去郊外游玩。郊外有一片花田，五颜六色的花朵上停满了勤劳的小蜜蜂。原来，有养蜂人在花田旁养蜂。

婷婷好奇地问养蜂人：“老爷爷，您能告诉我蜂蜜在哪儿吗？”

“蜂蜜就藏在蜂巢里。”养蜂人见婷婷东张西望地找蜂巢，就笑着对她招招手。他将婷婷带到其中一个蜂箱旁，边打开蜂箱边说：“这箱子里就是蜂巢了，你要小心蜜蜂哦！”

婷婷伸着脑袋往蜂箱里看，她发现蜂房呈六边形，并且一个一个紧密地连接在一起，蜂房里则装满了金黄色的蜂蜜。很快，她就有了新的疑惑：“为什么小蜜蜂要把家建成正六边形呢？它们怎么不建成圆形或三角形的呢？”

养蜂人思索了片刻，说：“我想是为了节省筑巢材料吧！”

你们觉得养蜂人说得对吗？

知识点

正六边形的特点

小蜜蜂的“家”是由一个个正六边形拼接而成的。**正六边形**有 6 个顶点、6 条相等的边和 6 个相等的内角，还有 3 组对边，且每组对边互相平行。正六边形的每个内角均为 120°，内角和为 720°。

蜜蜂将蜂房建成正六边形，确实能节省建筑材料。将相同的图形进行密铺，相邻的两个图形就会存在公共边，这就达到了节省建筑材料的目的。满足密铺的条件必须是若干个角相加和要等于 360°。在众多图形中，只有正六边形、正方形、正三角形的角是满足密铺条件的。

在周长相等的封闭几何图形中，圆的面积最大。越是接近圆的图形，面积就越大。在满足密铺条件的图形中，在周长相等的情况下，正六边形的面积要大于正方形、三角形，所以更有利于储存蜂蜜和培育幼蜂。

如此看来，蜜蜂们不愧是大自然中最厉害的工程师之一。

延伸思考

正六边形的应用

正六边形极受人们的青睐，因为它除了具有稳定性、经济适用性外，还极具美感，比如钻石常被切割成正六边形，装饰房子时会采用正六边形的装饰物，等等。

正六边形的美观源于它既是轴对称图形，又是中心对称图形。正六边形有 6 条对称轴（3 条对角线，3 条对边中线）。正六边的对称中心是 3 条对角线的交点，将正六边形围绕中心点旋转 180°，旋转后的图形能够与原图形重合。此外，将正六边形的 6 个顶点和中心点连接，会得到 6 个全等的正三角形。

在神奇的大自然中，正六边形的出现频率也很高，比如龟壳、梅花鹿身上的花纹等，都是正六边形，甚至是宇宙中的星云，也有正六边形的呢！

Part 3

第三部分

有趣的立体图形

12. 魔方由几个正方体组成

西西过生日时，爸爸送给他一个益智玩具。这个玩具是一个大正方体，大正方体又由一个个小正方体组成。西西发现这个大正方体的六个面的颜色各不相同，小正方体能上下左右灵活转动，非常有趣。

西西好奇地问爸爸："这是什么玩具？我要怎么玩它呢？"

爸爸转动魔方，将每个面的颜色打乱后说："这个玩具叫魔方。它的玩法是通过转动每一层，将各个面变成相同的颜色。"

西西按照爸爸说的转动魔方。期间，爸爸不经意地问："你手上的魔方是三阶魔方，你知道它是由多少块小正方体组成的吗？"

西西仔细地数起了小立方体的个数："1，2，3，4，……，26，27，一共是由27个小正方体组成的。"

你们说西西说得对吗？

知识点

正方体的特点

正方体是由6个完全相同的正方形围成的立体图形，也称立方体。

正方体中的每个正方形叫作正方体的**面**，面与面相交的线段叫作**棱**，棱和棱的交点叫作**顶点**。

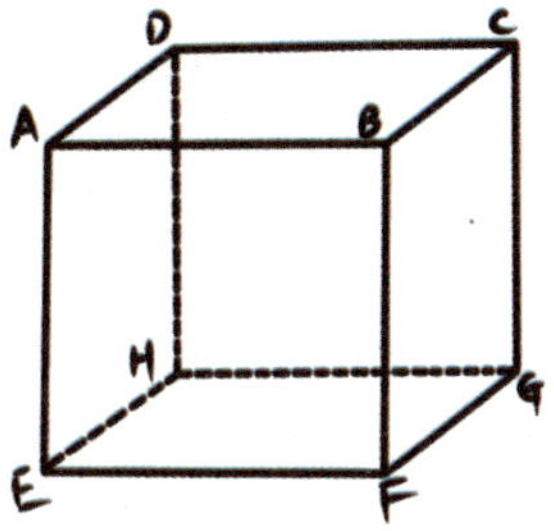

正方体

一个正方体有 12 条棱。正方体的每条棱长度相等，并且相邻的两条棱互相垂直，相对的棱互相平行。一个正方体有 8 个顶点，每三条棱相交于一个顶点，这三条棱分别是正方体的**长**、**宽**、**高**，因为正方体的棱长相等，所以长、宽、高的长度都相等。

在前面的魔方问题中，从表面看，三阶魔方确实是由 27 个小正方体组成的。但是，拆开魔方后会发现，它的中心不是小正方体，而是一个**轴**。正因为有这个轴，魔方才能上下左右转动。所以也可以说，三阶魔方是由 26 个小正方体组成的。

延伸思考

魔方中小正方体的计算方法

正方体魔方的阶数每增加一阶，复原的难度就越大。这是因为每增加一阶，魔方中的小正方体的个数就会成倍增加。像三阶魔方、四阶魔方，我们能直接数出小正方体的个数。对于更多阶的魔方，该怎么计算出它的小正方体的个数呢？

其实很简单，魔方一个阶面的小正方体的个数等于阶数乘以阶数，用一个阶面的小正方体的个数乘以阶数，就得到了小正方体的总个数。所以，小正方体的总个数 = 阶数 × 阶数 × 阶数。在不考虑中心轴的情况下，三阶魔方中小正方体的个数为 3 × 3 × 3，即 27 个；五阶魔方中小正方体的个数为 5 × 5 × 5，即 125 个；九阶魔方中小正方体的个数为 9 × 9 × 9，即 729 个。

13. 为什么长方体垃圾桶不容易滚动

五（1）班的垃圾桶破了一个大洞，老师让小良、丽丽两名同学去超市购买一个新的垃圾桶。

小良和丽丽来到超市，发现超市的货架上摆满了各种形状的垃圾桶。丽丽一眼看中了一个圆柱体垃圾桶，她说：“这个垃圾桶是最漂亮的，我们就买它吧！”

小良摇摇头说：“圆柱体垃圾桶没有长方体垃圾桶实用。”

丽丽急忙反驳：“圆柱体垃圾桶的容积大，能够装下更多的垃圾，怎么就不实用了呢？”

“我做个实验给你看，你就明白了。”小良说着，从货架上取下了两个垃圾桶，一个是圆柱体垃圾桶，一个是长方体垃圾桶。他将圆柱体垃圾桶放倒后，垃圾桶不自觉地向前滚动，将长方体垃圾桶放倒后，垃圾桶却纹丝不动地躺在地上。

丽丽豁然开朗：“我明白了，长方体垃圾桶碰倒后不容易滚动，不会让垃圾散落得到处都是。”

你知道长方体垃圾桶为什么不容易滚动吗？

知识点

长方体的特点

在生活中，我们看到的**长方体**分为两种，一种是6个面都是长方形的长方体；一种是有2个面是正方形，4个面是长方形的长方体。在一个长方体中，相对的面完全相同，相对的棱长完全相等。

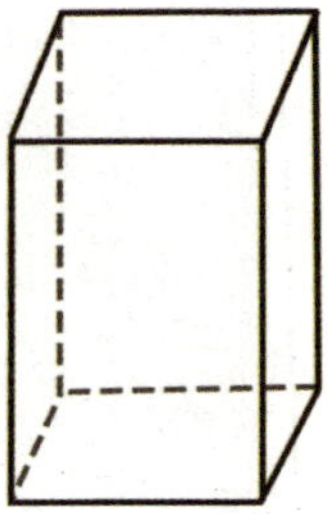
长方体

一个长方体有3组相对的面，8个顶点，12条棱，其中每三条棱相交于一个顶点，我们将这三条棱分别叫作

长方体的**长**、**宽**、**高**。按照长、宽、高将长方体的棱长分组，可以分成 4 组。

长方体垃圾桶不容易滚动，是因为长方体的每个面都是平面，不容易滚动，而圆柱体垃圾桶的侧面为曲面，很容易滚动。所以，长方体物体比圆柱体物体更具有稳固性。

延伸思考

正方体与长方体的周长与表面积

在生活中，有一群懂得变废为宝的手工小达人，他们会废物利用，比如会将废弃的物品做成储物盒或笔筒。通常，这些物品为正方体或长方体。当我们学会计算正方体或长方体的周长与表面积后，也能变身成为手工小达人哦！

正方体的每条棱长度相度，用其中一条棱长乘以 12，就能得到正方体的周长。

长方体的棱长不相等，其 12 条棱按照长、宽、高可划分成 3 组，每组有 4 条长度相等的棱。我们将长方体的长、宽、高相加后乘以 4，就能得到长方体的周长了。

正方体每个面的面积相等，用其中一个面的面积乘以 6，就能得到正方体的表面积。长方体有 3 对面积相等的面，用每对相对的面中一个面的面积乘以 2，就能得到 1 对相对的面的面积。将这 3 对相对的面的面积相加，就能得到长方体的表面积了。

14. 为什么三棱镜能折射出彩虹

“妈妈，快看，彩虹出来了。”大雨过后，天空架起了一道彩虹，小杰连忙呼喊妈妈一起看。

然而，没一会儿彩虹就消失了。小杰失落地说：“哎，彩虹的存在总是那么短暂！如果能把它藏在手心里就好了，这样我就能随时随地看到它了。”

妈妈摸摸小杰的脑袋，神秘兮兮地说：“我能实现你的愿望哦！”

在小杰好奇的目光中，妈妈拿来了一块三

棱镜。她让阳光从三棱镜的一个侧面射入，然后调整三棱镜的角度，神奇的是，三棱镜折射出了七彩光芒，就像一道迷你彩虹。小杰伸出手，仿佛真的将彩虹捧在了手里。他惊讶地问妈妈是怎么回事。

妈妈笑着说："我手里的这个东西叫三棱镜，它能够折射出彩虹。所以，只要有一块三棱镜，你就能时刻看到彩虹了。"

小杰好奇地打量三棱镜，满脸疑惑地问："三棱镜里有什么？为什么它能折射出彩虹呢？"

知识点

棱柱的特点

三棱镜为什么能折射出彩虹呢？在光学中，我们将不能分解的光叫作单色光，将两种或两种以上的单色光组成的光叫作复色光。复色光分解成单色光的过程叫作光的色散。三棱镜能折射出彩虹，正是根据光的色散原理。

太阳光看起来是白光，实际上却是由彩虹的七种颜色组成的复色光。三棱柱的特殊构造，使得它对各色光的折射率不同，能够分解出太阳光，折射出与彩虹一样的七色光。大雨后的彩虹也是因为太阳光沿着一定的角度通过空气中的水滴折射形成的光的色散现象。

在生活中，**棱柱**很常见，比如冰箱、洗衣机等电器，建筑物中的承重柱或装饰用的方形罗马柱等。如果仔细观察，你就会发现，棱柱有两个相等且互相平行的底面，其余各面都是四边形，叫作**棱柱的侧面**。

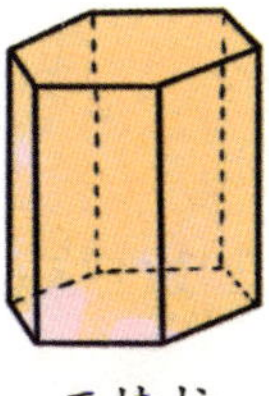

正棱柱

棱柱的底面与每个侧面都有1条公共边，这条边叫作**棱柱的棱**，相邻的两个侧面也有1条公共边，这条边叫作**棱柱的侧棱**，侧棱是互相平行且相等的。底面与侧面的公共顶点叫作**棱柱的顶点**，两个底面之间的垂直距离是**棱柱的高**。

延伸思考

棱柱的分类

棱柱的形状多种多样，我们可以根据棱柱底面的边数或底面平移的方式将棱柱分类。

假设棱柱底面的多边形有 n 条边，那么它就有 n 个侧面，我们就称它为 n 棱柱。比如底面是三角形，就叫作三棱柱；底面是四边形，就叫作四棱柱。

根据平面多边形平移方向的不同，我们又将棱柱分为直棱柱与斜棱柱。其中将平面多边形向着垂直于底面的方向平移形成的立体图形叫作直棱柱，向着不垂直于底面的方向平移形成的立

体图形叫作斜棱柱。

此外，将底面是正多边形的直棱柱称为正棱柱。常见的光学三棱镜通常都是正三棱柱。

15. 饮料瓶为什么要做成圆柱形

夏天到了，炎炎烈日炙烤着大地，人们走在路上，就好像走在一个“大火炉”中，很快就会汗流浃背、气喘吁吁。

“前面是便利店，我们去买饮料喝吧。”几个小男孩一边擦着汗，一边跑进便利店。小男孩乐乐一把拉开冰柜，看到琳琅满目的饮料，只觉得口水都快流下来了。

“可乐、雪碧、果汁、矿泉水、运动饮料……种类这么多，我该选哪个呢？”乐乐的手指在饮料瓶上点来点去，却始终无法做出决定。

就在这时候，他忽然有了一个有趣的发现：眼前的饮料瓶虽然有大有小，包装各异，材质也不一样，但基本上都是圆柱形的。乐乐拿起一罐可乐，仔细端详，发现可乐罐做成圆柱形后，手掌可以更好地贴合罐子的表面，使手掌能够牢牢地握住罐子，不让它掉下来……

难道这就是原因吗？喜欢思考的乐乐总觉得有些不满足，你能帮他解决这个问题吗？

知识点

圆柱的特点

饮料瓶或饮料罐之所以被做成圆柱形，而不是长方体，不仅是为了方便人们拿取，而且是因为这样做更能够节省成本。

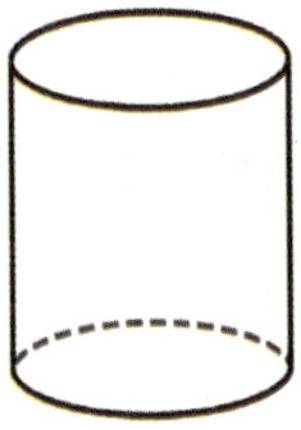
圆柱

这和圆柱的特点有很大的关系。**圆柱**的两个底面都是圆，而且大小一样，两个面之间的垂直距离叫作**高**。假如把圆柱的侧面打开，我们会得到一个长方形或正方形。

如果将饮料瓶做成圆柱形，要想知道用了多少材料，就要计算圆柱的表面积。这时，只要算出侧面积，再加上两个底面积就可以了。

经过比较，我们还会发现，如果一个圆柱和一个长方体的表面积相同，那么圆柱的体积更大。也就是说，用同样大小的材料来做饮料

瓶，做成圆柱可以盛放更多的饮料。

如果圆柱和长方体的体积相同，那么长方体的表面积更大，这就说明，要盛放同样多的饮料，把瓶子做成圆柱形更能够节省材料。经过这样的比较，人们自然而然地会选择圆柱形的饮料瓶。

延伸思考

“圆柱形”与“圆柱体”

在生活中，我们看到的饮料瓶、水杯、油桶等其实不是真正的圆柱体，它们有的只有侧面，没有底面（如圆柱形的管道），有的只有一个底面和侧面（如圆柱形的水杯），有的上底面发生了变形（如矿泉水瓶子），习惯上把这些具有圆柱体形状的物体都称为圆柱形，而“圆柱体”只是一个抽象的数学概念。

圆柱形不但给我们的生活带来了很多方便，在自然界中，它的存在也非常广泛，像树木的树干、植物的茎，等等，都是圆柱形的，这样才能让承受的力量均匀分布，树干或茎就不会被轻易折断了。

太有意思了！

生活中的数学

日常故事 | 萌趣漫画 | 数学原理 | 拓展阅读

带着孩子玩转数学 · 让孩子爱上数学

彩虹糖童书馆
Rainbow Candy Kids' Book House

全案策划：杨丽丽
责任编辑：张世昌
执行编辑：秦锦霞
封面设计：装帧設計 Mobile:13693001197

上架建议：少儿科普
ISBN 978-7-5165-3398-7
9 787516 533987 >
定价：150.00元（全6册）